心理知多D

U0014965

職 場 心 理 學

快 樂 工 作 的 9 0 個 貼 士

職場
心理學

快樂工作的90個貼士

樊紹烈｜著

中和出版
OPEN PAGE

中

職場達人養成記

在現實的工作生活中，與職場相關的有兩種人：一種是職場中人；一種是逃離職場的人。

很多職場中人以為職場是自己最大的束縛，渴望逃離職場，去過自由自在的生活。然而，逃離了職場，你就真的自由自在了嗎？你就快樂了嗎？

好吧，如果你真的不在職場，想像一下，你在做甚麼呢？

有兩種可能，第一種，獨立創業。這種情況下，你所要操的心，所要承擔的責任，以及所要開拓的局面，遠比受僱於人要大得多。我的很多獨立創業的朋友，在體驗成就感的同時，更多的是感受到壓力、困擾和艱難。當然，獨立創業非常磨煉人，不管是自己一個人創業，還是與人合作，你所遇到的問題，絕不會比職場少。而且，在創業過程中，你一定需要一個團隊，不管是大團隊還是小團隊，哪怕你只有一兩個員工，一樣也需要處理職場關係、客戶關係，所以職場中存在的煩惱，創業過程中都會遇到。所以如果你真的打算逃離職場，那麼就要做好準備，沒有週末，沒有節假日，更沒有人依賴，任何問題都要自己決策，任何責任都要自己承擔。這是不是比你想像的逃離職場要難多了？

第二種，不創業，在家做獨立的自由職業者。自由職業有很多，比如做設計、繪畫、寫作、音樂創作……只要你有相對穩定的客戶資源，就可以放任自己逃離職場，去做自由職業者。不過，你依舊需要面對客戶，需要面對同行競爭，而不是想像中，早上睡到自然醒，慢悠悠坐在操作台前，使用電腦或者其他工具開始工作。這種悠閒只存在於某些時刻，事實上，大部分時刻，你還是被挑剔的乙方。

只要工作，你都無法逃離各種在職場中可能遇到的問題和關係，所以，不要抱怨職場，你要做的，並不是逃離職場，因為職場無處不在，你要做的，是如何做一個快樂的職場人。

事實上，身在職場要比逃離職場輕鬆許多，你有同事、老闆，可以共同奮鬥、共擔責任。而且，很多時候，你不需要自己去開拓市場，發現資源，既有的公司平台足夠你去施展。因此，你只需要學着做一個快樂職場人，這就夠了。

可是你為甚麼不快樂呢？

首先，分析一下不快樂的原因。有些人只知道拚命工作。一開始在晚上加班 1～2 個小時，不久便整星期地加班，最後連週末也成了辦公時間。於是，工作佔有了全部的光陰。好吧，這樣的工作方式，不會給我們帶來太多快樂，反而會讓我們感到苦悶，除非這只是階段性的工作，否則我們會被這樣單調枯燥的生活逼瘋的。

其次，有些人的成就來源僅僅是工作。這裡，並不是說工作不可以成為一個人的驕傲和自豪，而是說，不要只把工作當成成就的來源。一個人的成就可以有很多，工作是其中一種，其他的，還有很多。比如你擅長吉他，那麼晚上在酒吧裡駐唱，也可以給你帶來成就感。比如你有很好的家庭，那麼家庭幸福也可以給你帶來成就感。

比如你廚藝很棒，那麼做一頓大餐，也會讓你心滿意足。然而許多人只把來自辦公室的成績看成真正的成功，唯有事業上春風得意時才會沾沾自喜，而一旦工作遇到麻煩，就會感到悲觀難過。

的確，想找一份好工作不容易，為了生活，我們必須找一份能夠養活自己的工作，但是，不管甚麼工作，你都要能感受到工作的快樂。如果僅僅是為了一份收入，每週花 40 個小時的時間做自己不喜歡的事情，那麼你的理想和才能，會在這種時間的逝去中化為灰燼，你也很難真的成為一個快樂的職場人。

所以，職場中最重要的事情，不是如何激發潛能，如何處理人際關係，而是如何讓自己感到快樂。從心理學的角度講，快樂是主動行動的推動力，如果沒有快樂的情緒，一切都是被動的行動，那麼即便是按部就班，也難以發揮最大的能效。只有發自內心的快樂，才能引導你的工作走向順利和明朗。

好，現在，就讓我們透過了解、應用職場心理學，做快樂職場人吧！

目録
CONTENT

Step4 你的 Dream Team

Step5 心好，薪才好

Step 1

搞掂 "老細"

- ○ 學會理解自己的上司
- ○ 上司的期望就是你的希望
- ○ 學會向上司推銷自己
- ○ 拉近與上司的距離

上司和下屬永遠是一對矛盾的共存體，沒有上司，就無所謂下屬，反之亦然。在上司和下屬之間，不僅有利益糾葛，還有權力、名譽甚至尊嚴之爭。作為員工，是否能夠與上司融洽相處，直接決定了一個人的職場前途。

不想當將軍的士兵不是好士兵，那麼，如何才能與上司友好相處，並通過疏通好自己與領導的關係，完成從士兵到將軍的進階呢？

1 第 1 話

學會理解自己的上司

測　試　　你與上司心心相印嗎？

　　上司，顧名思義是處於上級地位的人。如何處理好自己與上司的關係，是令很多職場人困惑不已的問題。下面，讓我們先一起走進一場意外的浪漫邂逅，通過輕鬆的偶像劇測試，看看你能和上司友好相處、心心相印嗎？

題目：如果請你編寫一個浪漫的愛情偶像劇劇本，那麼你會讓男女主角在以下哪種場景中邂逅？

A　男女主角各自開着自己的車，在馬路上相遇，意外發生了刮蹭事件，二人互不相讓，下車爭吵。

B　女主角的車壞在路旁，四處求助，男主角正巧開車路過，下車幫忙修理。

C　男女主角下班後，突遇暴雨，碰巧在一個屋檐下避雨，最後兩人選擇同搭一輛計程車回家。

D　男主角驅車在馬路上行駛，因為剎車不及時，撞到了正在過馬路的女主角。

結果分析

　　選擇 A：崇拜才華的理想主義員工，與上司和平共處的概率為 40%。

　　如果你的上司在你面前描繪了一幅宏大的藍圖，或許諾給你一個大大的餡餅，那麼，即便目前的薪水很少，你也會熱情十足地跟着上司打拚未來。

如果你的上司才華橫溢、頗有遠見，那麼即便是公司不大，待遇一般，你也會對上司崇拜至極。

然而，職場不是烏托邦，在一時的崇拜之後，如果你發現你或者你的上司，不過是個有將才無帥才的理想主義者，你就很可能改弦更張，要麼，否認上司的權威；要麼，否認自己的選擇。

所以，你是一個崇拜才華的理想主義員工，你與上司和平共處的概率是 40%。

選擇 B：乾脆務實的現實主義員工，與上司和平共處的概率是 60%。

你乾脆務實，做事認真踏實。對於你來說，工作就是安身立命的根本，你會本着自己的良心認認真真地工作。你很少跟上司聊天，也很少巴結上司，你能夠做的就是在上司需要你的時候，去做你應該做的工作。

所以，如果你遇到了一個務實肯幹的上司，那麼你肯定能與他和平相處，甚至心心相印。如果你遇到了一個虛偽做作的上司，那麼可能你只是因為那份工資而勤懇工作，你的工作態度跟上司本人並無太大關係。

總之，你是務實的現實主義員工，與上司和平共處的概率為 60%。

選擇 C：愛聽好話的人情主義員工，與上司和平共處的概率是 80%。

對於你來說，工作不是最重要的，開心才是最重要的。只要工作環境讓你舒心，上司慈眉善目，平日裡對你噓寒問暖，同事與你相處融洽，你就可以不計較收入的多寡，不計較工作的難度，安心聽從上司的安排，老老實實地工作。

然而，你愛聽好話，要是上司對你很冷漠，常常指責你，就算是你明明知道自己的意見不正確，你也會沒事找事給上司提意見、找麻煩。

所以，你是一個很容易被收買的人情主義員工，只要上司對你仁至義盡，你就會死心塌地擁護你的上司。

選擇 D：接受領導的學習主義員工，與上司和平共處的概率為 90%。

你喜歡被領導，你欣賞上司那種駕馭有方、自信果斷的氣勢，你時刻想要學習上司的做派和氣勢。對於你來說，真正想要得到的，並不是工資，也不是薪水，而是工作的經驗，內心的滿足，自我的提升和社會的認可。所以，只要你的上司能夠教你很多本領，只要你的上司領導有方，你就願意和他一起奮鬥，一起前進。

所以，如果你遇到了一個真正有能力的上司，你將成為和他心心相印的那個員工，和他一起去為公司的事業而奮鬥。

　　上面測試中的四種員工，也是現實生活中最常見的四種員工。通過測試，相信你對自己和上司的關係，也有了一個初步的認識和了解。接下來，盡己所能，做一個與上司心心相印的員工吧，只有這樣，你的職場之路才會變成一條坦蕩的通途。

換位思考理解上司

很多人認為：上司大權在握，說話有權威，凡事皆處上風，所以，作為下屬，對上司俯首帖耳、點頭稱是即可。其實，一個真正負責、真正成熟的職場人，要想處理好與上司的關係，需要的不是對上司俯首稱臣，而是要真正理解和讀懂上司的意圖，學會理解自己的上司。

首先，不要直接質疑、反對，甚至挑戰上司的權威。如果覺得上司的決策不正確，可以旁敲側擊，表達建議，如果上司不接納你的建議，請保留你的意見，執行上司的指示或者跳槽。

其次，真正優秀的下屬，要盡力幫助上司進行決策，不僅要幫助上司改正錯誤，還要維護上司的權威。從心理學角度講，就是激發行為主體的主動意識，讓上司覺得他所做的一切決策，都是自己主動做出的，只有這樣，你才是真正優秀的員工，才會得到上司的賞識，才是上司的左膀右臂，才是那個不可或缺的人。

那麼，怎樣才能激發行為主體的主動意識呢？要學會理解你的上司。理解是行動的前提，只有理解了上司，才會真正從上司的角度出發，有的放矢提出意見，實施上司的決策，有了理解、包容，工作才會在良性軌道上順利前進，才有可能事半功倍。

替上司分憂

一直到今天，佳怡都對自己第一天到公司的經歷記憶猶新。

　　那天，從早上起來，佳怡就提醒自己，今天我上班了。其實第一天也沒有甚麼事可以做。主任安排她看資料，熟悉情況，然後就帶着幾個同事開會去了。

　　只用了半天時間，佳怡就做完了上司交給的工作。她本來可以在公司上上網、打打私人電話……，反正辦公室裡也沒有別人，但是她忍住了。

　　這時，辦公室的一位同事到她這裡來複印資料，佳怡很客氣地讓他登記，他好像有些不高興，但是佳怡看到年初的總經理會議紀要，說是從今年開始推行各部門單獨核算，所以，她必須這麼做。因為資料很多，同事就坐下來和佳怡聊天，問她是哪個學校畢業的，為甚麼到公司來，覺不覺得辦公室條件簡陋，諸如此類的問題。佳怡一一回答，但是很中性，沒有說很多。末了他說，一個人很無聊的，你怎麼不上網聊天？佳怡脫口而出：“那不好吧，上班就得有上班的樣子。”話一出口，佳怡看他眼神一閃，就沒有再多言語。她心想，不管別人怎樣，我應該對自己有要求。

　　後來佳怡才知道，這個看上去很普通的同事是集團的老總，這天他樓上的複印機壞了，他就想着自己下來到辦公室複印。

　　這件事對佳怡有甚麼好處？沒有，老總甚至沒有直接說過佳怡好，但是從他後來看佳怡的眼神中，佳怡知道他是贊同自己的做法的。更重要的是，佳怡很心安。

　　每一個上司都需要能替他分擔而不是給他找麻煩的員工，這也是作為下屬存在的價值。試想，如果你不能替上司分憂，你還有價值嗎？所以，職場人要培養自己替上司分憂的思維。

首先是職業素養。職業素養要求我們：嚴格要求自己，從小事做起，持之以恆。當然，職業素養還包括要有良好的職業道德、常懷感恩之心、工作充滿活力、樂於助人、有創新力、善於冒險等，令你可以有意識有動力去給上司分憂。

其次是專業素養。替上司分憂也不是一件簡單的事，專業素養讓你有能力有本事去給上司分憂。專業素養是指從事社會職業活動所必備的專門知識、技能，主要包括三個方面：扎實的理論基礎、熟練的專業技能、全面的業務能力。比如下面故事中的這位建築工人：

一個建築公司的經理忽然收到一份購買兩隻小白鼠的賬單，不由好生奇怪。原來這兩隻老鼠是他的一個部下買的。他把這名部下叫來，問他為甚麼要買兩隻小白鼠？部下答道："上星期我們公司去修的那所房子，要安裝新電線。我們要把電線穿過一個 10 米長、但直徑只有 25 厘米的管道，而且管道砌在磚石裡，還彎了 4 個彎。我們當中誰也想不出怎麼讓電線穿過去，最後我想了一個好主意。我到一個商店買來兩隻小白鼠，一公一母。然後我把一根線綁在公鼠身上並把它放到管子的一端。另一名工作人員則把那隻母鼠放到管子的另一端，逗它吱吱叫。公鼠聽到母鼠的叫聲，便沿着管子跑去救它。公鼠沿着管子跑，身後的那根線也被拖着跑。我把電線拴在線上，公鼠就拉線和電線跑過了整個管道。"

所以，遇事不要受問題的局限，停留在慣性的思維上，一靠經驗；二動腦筋，就會發現解決問題的手段是層出不窮的。

換種思維接受批評

三國時的曹操是一個善於用另一種思維知錯、改錯的人。

赤壁之戰大敗後曹操逃到南郡，一天他宴請文武百官，為大家壓驚，席上曹操突然大哭，說："嗚呼奉孝，哀哉奉孝，若有奉孝在，何至敗於周瑜小兒。" 眾文武聽後均低頭不語，慚愧萬分。

其實赤壁打敗仗的是主帥曹操，他掌握最終的定奪大權，也是要承擔主要責任的。曹操不會不明白這一點，雖然他已經看到自己的錯誤，也很清楚下一步將要如何做，怎樣來彌補這次過失，挽回局面。但是，一世雄主的曹操卻不能對滿堂文武認錯，因為赤壁新敗，軍心民心都不穩，如果此時曹操一味謙卑、領錯、認錯會讓下面的人認為他已經開始心虛，沒有自信再和孫劉聯盟抗衡，那麼他苦心創立的一番天下會產生動盪，日後再想掃平天下，就更加困難了。所以，曹操表面上不能認錯，這樣可以穩定局勢。但他藉哭悼軍師郭嘉，來承認赤壁之戰的失敗，而眾屬下明白曹操的用心，作為屬下也有過失之處，於是只能慚愧、反省。

我們通常認為，捱批評不是一件好事情。但是，有很多時候需要換個思維角度來面對。人非聖賢，犯錯誤不可避免，知錯能改，善莫大焉。錯誤不怕被公開，就怕被隱藏。如果有了錯誤不被指出，那麼定會積小錯成大錯。所謂："姑息縱容，貽害無窮；懲前毖後，治病救人。" 上司批評下屬目的有多種，但通常是下屬確實犯了錯誤。要把批評轉化為上升的動力，把導致被批評的這件事記住，在以後的工作中永不再犯這樣的錯誤。只有正視並糾錯改錯，工作才會做得更出色，人生境界才會得到提高。

還有種情況就是確實沒犯錯。沒有犯錯被批評，夠冤枉的。若真的是上司誤解你了，也不要和上司斤斤計較、耿耿於懷，更不要期望過後上司會道歉。其實，真正優秀的上司是知錯、改錯、不認錯，就像上面故事中提到的曹操。知錯是一個人智慧的體現。能敏銳地察覺自己的缺點、錯誤，可以說是一個人的大財富。改錯是一個人勇氣的表現。知恥近乎勇！勇於改錯是對自己已經成熟的習慣和人生觀的挑戰。不認錯是一個上司對自己權威的維護，作為上司最怕失去權威。失去了權威也就失去了對團隊的領導力。

所以，一旦哪天上司批評我們，批評錯了也不要緊，即使上司小題大做也沒關係，那是上司沒把你當外人，想想上司心裡悶得慌，找你當了回出氣筒，也是件光榮的事。你幫上司排氣解憂，也算是為公司做了貢獻，上司想找人出氣還得挑能看得上眼的。作為下屬我們就不能只糾結於表面，埋怨、憤恨。有時上司的批評是為了"殺雞給猴看"，認清自己的位置和上司的真正目的，自己的壓力就不會太大，為了公司的前途和發展，這點兒小委屈又算甚麼呢？小角色起着大作用。

只要換種思維，揭開現象看本質，**為甚麼被批評？是誰批評的？怎麼批評的？**不要小看這三個問句，如果真能明白其中的奧秘，那麼在上司面前成為紅人將不再是件難事。

逆向行走，嘗試從上司角度看問題

一位作家給一家雜誌社寫了一篇文章，刊登後，想要幾本雜誌，便打電話給雜誌社主編。恰好主編不在，電話是一位員工接的。"麻煩你轉告主編，我希望要兩本這期的雜誌。" "這個啊，沒問題！您派人過來拿就行。" 員工爽快地說。

作家立刻找人把雜誌拿了回來，可是，接着就接到主編的電話："對不起！您來電話的時候我不在，雜誌拿到了吧？我特別多送了 2 本，一共 4 本。" 停了一下，主編又說："可是，對不起，我想知道是哪位同事答應您，派人過來拿就行。" 作家有點兒吃驚，說："有問題嗎？" "當然沒問題，我只是想知道，是誰在自作主張。" 作家沒告訴他，但後來聽說主編還是把這個人查了出來並從予以解僱。

這件事體現出的問題有三：

一、既然是找主編要書，下屬的責任就是負責轉告，而不該越俎代庖擅自代上司做主；

二、明明可以由主編賣人情，卻在半路中被別人莫名其妙取代了；

三、好像公司的雜誌沒價值，誰要都行，誰都可以做主往外送，既貶低了向公司要雜誌的人，也貶低了公司產品，有損公司形象。

這個故事提醒我們：不要把自己一些想當然的看法，附加到與上司相關聯的事情裡。不能以為小東西不算甚麼；這點小事情不用和上司說。很多時候下屬眼中的小事情卻是上司心中的大事情，會涉及很多方面。一個人所處的位置不同，看問題的角度也不同，分析事物的心態也就會不一樣。

現代社會裡無論是創業的老總，還是給別人打工的職員，都一樣面臨巨大壓力。在關注自己的艱難處境的同時，不妨用自己的一小部分精力去關注一下別人 —— 上級、下級、同事，多體味一下別人壓力重重的生活。這樣，你就可能體諒別人的行為，可能更富有個人的凝聚力和在集體中的競爭力。

某公司曾發生過這樣的事，部門的決策安排發生改變，經理取消了一個項目，這個項目的負責人心裡很是不滿，數次找經理理論，來證明自己的想法和項目都是對的。最終經理忍無可忍，對他說："如果你行你就接替我的位置來幹吧"，說完轉身就走⋯⋯ 發生這種事的時候，公司一定會維護經理的權威，即使這個經理採取的方式有不妥之處，因為他是代表公司與下屬進行對話的。作為上司，他代表公司在部門範圍內進行管理，他體現的是經營者的意志。

工作中也經常發生這樣的情況，某些員工由於對具體情況比上司更清楚，可能就會對上司做的決定產生抵觸心理，進而擅自改變上司的決定，使之符合自己的想法 —— 心理學上講，這就是"內部人控制現象"。內部人控制是上司所不能容忍的。當然，如果上司的決定錯誤而非要做變動時，一定要低調，不要讓其他人覺得你是故意同上司作對。同時要營造出是上司自己主動認識錯誤並更正的氛圍。

有人會說，我的上司愛發脾氣，而且脾氣很大。其實有些上司就是愛發脾氣，而且地位越高脾氣就越大。事實上，發脾氣已成為某些上司推動工作的一種手段，也可以看作一種藝術。因此，不要把批評看得太重，不妨把上司的脾氣當成每隔一段時間必有的工作動力催化劑。如果僅僅因為上司對你發脾氣而一蹶不振，那會讓上司看不起你，誰會喜歡一個毫無承受能力的下屬呢？在任何社會中，工作壓力都是不可避免的。事實上，一定的壓力也有助於人的成長，可以激發出人的潛能，使你發揮到最佳。如果想在人生中有所成就，就一定會承受很多壓力。所以，壓力不是上司、同事、下屬、其他人和社會施加給你的，讓你背上沉重負擔的其實就是你自己。因為，我們都想有所成就，而成就的代價就是壓力。

2 第 2 話

上司的期望就是你的希望

測 試　　你能得體處理好上司交代的工作嗎？

對於上司交代的工作，職場人通常都會選擇第一時間去做，盡心盡力完成。抓緊時間和用心工作都是正確的，但是有些時候卻不一定能把事情做好，在工作中，態度和方法同樣重要。那麼我們先用一個測試來初步了解一下，自己能得體地處理好上司交代的工作嗎？

題目：動物園舉辦動物運動會，其中一項比賽是拔河，有四組運動員報名參加此項比賽，經過稱量，四組運動員的總體重相彷。你認為哪組動物可以最終獲勝呢？

A　大象、狼、猴子、老鼠

B　野牛、花豹、蛇、狗

C　老虎、馬、羊、兔子

D　獅子、猩猩、豬、雞

結果分析

選擇 A：你是一個很有衝勁的人。

對於上司交代的任務，你會第一時間去做，你想又快又好地完成。但是過程中難免遇到麻煩，當遇到問題時，你會顯得比較心煩，總是想辦法繞過去，而不是一步一步地解決。這會導致越想盡快完成卻越慢，當最後動力都消失時，就只能馬馬虎虎交差了。建議：當接到任務時，不要太衝動，要先計劃一下，減少不必要的問題出現。

選擇 B：你是一個很有心機的人。

你平時善於觀察，對於別人說過和做過的事都會很留心。你無論做甚麼事情都會精心盤算，怕出錯誤，屬於不見兔子不撒鷹的類型。這種謹慎的性格有助於你把事情做好，但是，也會在做事的速度上扯你的後腿。在上司眼裡，光把事情做好是不行的，還要有效率。建議：接到上司交代的任務後，要盡快去做，不要事先想太多。

選擇 C：你是一個很有辦法的人。

你很精明，而且做事還很有耐心，一般是不達目的誓不罷休。但是，有時會為了達到目的而不擇手段。這樣做，雖然事情辦得很好，上司很滿意，但是卻會引起周圍人的不滿，這是得不償失的。上司能決定你的未來，周圍人的力量也不容忽視。建議：以後在辦事時，不要因為心急而選擇一些不必要的方法，要注意團結周圍的人，不要把自己變成孤家寡人。

選擇 D：你是一個很勤奮的人。

你做事很踏實，既不會衝動行事，也不會算計別人。對於上司交代的事情，會認真努力地完成。但是，因為缺乏個性，所完成的工作不會出彩，就是效果平平。建議：雖然勤奮和踏實是對的，但是還是要多些靈活性，多在工作中嘗試些以前不敢做的、認為是出格的方案，這會鍛煉你的個性。

機遇決定成敗

上司不是萬能的，需要有人輔佐，選好一個或幾個有能力的幫手，對上司來說是很關鍵的事，他是絕對不會馬虎的。選人過程中，有的上司採取廣種薄收的方式，有的上司會採用看準個人，定點培養的方式，無論上司用甚麼樣的方式選擇幫手，作為下屬我們都應該好好利用上司對我們的期待，抓住機遇，很多時候機遇決定成敗。

人都怕自己沒有前途，怕工作中上司對自己有異議，看不上。可是有些時候，機會是有的，當上司覺察到你是有前途的，是有培養價值的時候，上司會不動聲色叫你去做一件事情，藉此來考驗你，看你是不是真的具有可塑性。如果完成得好，上司認為你可以成為他得力的助手，那麼前途就一片光明；要是完成得不盡如上司的意，前途也就十分黯淡了。可以說，**有時人的前途就是由一段不長但是卻很關鍵的時間決定的。**

通過上面的測試可以看出，沒有哪類人的性格是完美的，都會有這樣或那樣的不足，因此在今後不斷的積累中，我們要慢慢將不足之處改掉。三人行必有我師，在工作中可以學習他人的長處，逐步用揚長避短、取長補短來完善自己的性格和處事方式。

明白上司為甚麼交代你做事

諸葛亮一生英明，可就是因為有一個人沒有看準，毀了一生所願，無法恢復中原。這個人就是馬謖，為甚麼諸葛亮對用人選材嚴謹精細，卻在對待馬謖的時候，出現了用人上的極大失誤？

　　馬謖跟隨諸葛亮多年，一直做謀士，參與軍務出謀劃策，卻未做過領兵的戰將。諸葛亮欣賞其才，幾乎任何事情都要和馬謖商議，馬謖也確實為諸葛亮獻過不少好計策。正是因為如此，馬謖總認為憑自己的才能只做一名參軍很屈才，在軍中的威信也不高，就一直想要領兵帶隊真正地施展其才。

　　其實，諸葛亮出師北伐時任用馬謖守街亭，是在給馬謖日後做自己的接班人樹立威信，馬謖不能只有才能而無功勞，那樣眾將是不會服氣的，會給蜀漢政權帶來動盪和危機。守街亭之前，諸葛亮已交代好該怎樣排兵佈陣才能穩守街亭。可是馬謖卻沒有看清楚諸葛亮用他守街亭的根本原因，而是簡單地把它看成了自己建功立業、真正出頭的好機會。雖然嘴上領命，但心裡卻另有想法。可見，馬謖的失敗更多因素在於他自己，最終導致的後果就是，蜀漢丟了街亭，馬謖丟了性命，諸葛亮也因為自己的片面信任而失去了愛將。

　　諸葛亮手下的另一位幹將姜維，他就能很好地理解丞相交代的事情，以及丞相所交代事情背後的宗旨是甚麼。所以，他一生都是在為蜀漢匡扶中原而奮鬥，即便在此期間受過很多不公平的對待，也從沒有為自己的任何私慾去計較過。

　　通常情況下，上司在選擇做事人選的時候，會考慮很多因素，會根據個人才能的不同進行安排。如果上司交代一個人去做一件事情，心裡一定是信任這個人的工作能力的，而且可以從中看出這個人是不是人才。所以，上司一般都會在實踐中鍛煉人才、檢驗人才。既不會盲目認可，也不會盲目否決。

但有些人對上司安排下來的工作有抵觸情緒，以為上司在跟他過不去，工作本來就已經很繁重了，還在往上加碼，於是抱怨連連。出於這種情緒，在完成上司交代的工作時也是漫不經心，採取糊弄、玩的心態，即使有能力完成也不去盡心對待。殊不知，往往就是在這種漫不經心中，我們錯過了機會 —— 一個可以在上司面前展現自己才能，給上司留下好印象的機會。既荒廢了自己的本事，也浪費了上司的苦心。

要在內心真正清楚上司所交代的事情、賦予的使命，這是作為下屬必需的素質。當上司交代事情時，要多分析事情的背後暗示着甚麼，才能以最佳的方式來完成任務。

偽裝 PK 表裡如一

三國時期，長坂坡之戰中劉備被曹操打得落花流水，趙雲為救幼主，險些喪命於長坂坡。當趙雲歷盡千難萬險將幼主救出來，交給劉備時，劉備的一個舉動驚呆了在場所有人，他竟將孩子摔在地上，還說："為此一孺子，險損我一員大將。"趙雲大為感動，當即發誓會為劉備肝腦塗地。劉備中年得子，豈能不倍加珍愛？但是為了自己未竟的事業，也就只好忍痛偽裝，把孩子豁出去了。

而王羲之卻正好相反，晉武帝司馬炎的一位郗姓大臣要為自己女兒找女婿，當時王導任丞相，王家是一個大家族，家門顯赫，郝姓大臣就先到王家，王家年輕一輩的聽說大臣要招女婿，都表現得規規矩矩，只有王羲之躺在最靠東邊的一張床上，袒胸露腹，一點兒都不避嫌，那位大臣一見，大喜："這人正好做我的乘龍佳婿！"王羲之違反常理的行為，是在向別人傳遞着這樣的信息，他是一個不拘常理、生性灑脫、敢作敢為、不懼眾議、性格堅忍的人。

　　每個人都具有兩面性甚至多面性，不可能見到甚麼人、做甚麼事都是一個樣子。這就需要我們根據不同情況把自己喬裝起來，用一個偽裝的自己去面對工作中的人與事。說到偽裝，人們都會認為這是一個貶義詞，是虛假的、不真實的。就好比 "謊言" 這個詞，也是人們理解中的貶義詞，但是要是結合 "善意" 這個詞，變成 "善意的謊言"，是不是就會讓人覺得謊言也可以是溫暖的的呢？偽裝也是同理，不要真的把自己變成一個靠偽裝活着的虛偽的人，而要把偽裝當作一種手段，它只影響一個人的工作中的成績，而不影響個人的道德品質。**善於偽裝是一個人走向成功的一種必備手段**，有的人將自己向更好的方向偽裝，而有的人卻正好相反。

　　和偽裝字義相反的是表裡如一，顧名思義就是要做到內心的想法與外表反映出來的行為一致。表裡如一是無懼別人指點，無畏環境險惡，都能做到始終如一，這是一個人內心強大的體現。表裡如一體現在與人相處時是坦率和真誠。表裡如一的人是在關鍵時候靠得住、好共事、能辦事的人。

　　平時做不好，關鍵時刻也做不好，是可悲的；平時做得好，關鍵時刻卻失常，是可歎的；平時、關鍵時刻都做得好，是可喜的；但若平時做不好，關鍵時卻做得好，這才是可怕的。因為我們有能力做好這件事，並知道應該這麼做，但平時卻不努力，知錯而不改，這就不只是能力、水平的問題，是做人最起碼的道德標準和素養出了偏差，這在任何情況下都是可怕的。表裡如一能給人震撼，給人一種坦蕩的獨特感受。古語曰："君子坦蕩蕩"。真正的偉人都是言行一致、表裡如一的人，他們內心永遠有一輪太陽，照耀着他們的靈魂。

偽裝和表裡如一並不矛盾，偽裝是一種工作方式，但做人還是要永遠堅守表裡如一。

3 第 3 話

學會向上司推銷自己

測　試　　　推銷對你來說是不是一件簡單事？

　　推銷是當下越來越熱門的工作，它可以讓一個人的能力得到充分施展。在推銷界中，推銷的技巧和語言就是魔法，它可以為你帶來所有你想要的結果。那麼，是不是所有人都可以做推銷呢？答案是否定的。推銷靠的主要是和人的溝通能力，話是靠人說的，同樣的話，不同的人說的效果截然不同。

　　推銷貨品和推銷自己是一個道理，把自己經過一番包裝後，向你所希望接觸的人推銷出去，在這個過程中你具體會怎麼做，這就決定了結果的好壞。

　　題目：在你心裡覺得推銷是難還是易呢？我們做一做以下的試題，你對自己的推銷能力就可以有一個較為全面的認識了。

1　你的身體是否足夠健康，即使長時間在外奔波也能保持旺盛的精力？

　　A 健康　　　　B 不健康

2　你是否熱情、開朗，是否在聯歡會上載歌載舞，十分活躍？

　　A 是　　　　B 否

3　你找別人辦事時，是否能在對方粗暴無禮的情況下克制自己，並待之彬彬有禮？

　　A 能　　　　B 不能

4　你是否善於跟各種行業、各種不同癖好的人打交道？

　　A 善於　　　B 不善於

5　你的語言表達能力是否出色，能用簡明、生動的語言將一件或一樣東西敘述得清清楚楚嗎？

　　A 出色　　　B 一般

6　到市場去購買東西時，你是否能夠通過討價還價，以最便宜的市場價買到你要買的東西？

　　A 能　　　　B 不能

7　你是否喜歡到處奔波的職業？

　　A 喜歡　　　B 不喜歡

8　在辦事過程中，別人是否稱讚過你細心、謹慎？

　　A 是　　　　B 否

9　你辦事是不是腳踏實地？

　　A 是　　　　B 否

10　你對產品的外觀、品質、性能、價格、銷售、財務諸如此類的問題是否在行？

　　A 在行　　　B 不在行

11　你是否能預見事物的未來？

　　A 能　　　　B 不能

12　一個客人到你家來做客，你是否能通過短時間的觀察、交談，準確無誤地把握他來訪的目的並且適當地滿足他？

A 能　　　　B 不能

13　當對方的需要被你激發起來以後，你是否善於抓住時機，順水推舟，推銷出你打算出售的傢具？

A 善於　　　B 不善於

14　在平時的人際交往中，你是否懂得軟硬兼施的交涉藝術，而不是只用一種方式，千篇一律地對待任何交涉對象？

A 能　　　　B 不能

15　你是否善於充分利用交談以外的其他社交手段，針對對方的弱點給交涉對象施加必要的壓力，迫使對方就範？

A 善於　　　B 不善於

16　你是否具備良好的數字計算能力和心算能力？

A 具備　　　B 不具備

17　你的穿著和打扮是否給人一種精明、可靠的感覺？

A 是　　　　B 否

18　你是否對本行業的行情了如指掌？

A 是　　　　B 否

19　你是否充分認識到對客戶講信譽、負責任、樹立良好形象的重要性，並致力於薄利多銷呢？

A 是　　　　B 否

20 在推銷產品的過程中，你是否能堅持艱苦奮鬥的精神，為
企業（或公司）花最少的錢辦最多的事？

A 能　　　　B 不能

結果分析

（在上述 20 道題中，每答一個 A 得 1 分，答 B 不
得分。）

18～20 分：優秀。你是推銷員的合適人選，在你心裡會
覺得推銷很簡單。

12～17 分：良好。只要你在上述方面不足的地方加以改
進，多多參與推銷實踐，積累推銷經驗。推銷對你來說也不是
難事。

0～11 分：不佳。除非你接受嚴格的推銷訓練課程，否
則，你不適宜從事推銷工作。推銷對你來說是一件艱難無比的
事情。

做自己的推銷員

有人曾這樣解釋過企業的 "企" 字，"企" 字上面是個 "人" 字，下面是個 "止" 字，說明一個企業如果離開了人才，這個企業也就停止了。我不知道這是不是 "企" 字的真正來源，但這至少可以幫助我們理解人才對企業的重要性。

成功的企業其實就是用人的成功，失敗的企業也就是用人上的失敗。公司老闆時時都在尋找人才，人才也在時時展示自己、等待機會。都說人才難得，其實更難得的是發現人才的慧眼。韓愈在《馬說》中寫道："世有伯樂，然後有千里馬。千里馬常有，而伯樂不常有。故雖有名馬，只辱於奴隸人之手，駢死於槽櫪之間，不以千里稱也。" 那麼，身為職場人怎麼能讓本就不多的慧眼盡快發現你呢？策略性地推銷自己是一個有效的手段。

現代不比古代，古時，人才多數都隱於小市之中，有 "偏向下處尋高人" 之說。諸葛亮曾說："人君選才，必求隱處。" 但是現代社會，誰也不會把自己擱置於褊狹之處，都是在極力地包裝和推銷自己。但是，在眾多的人才自薦中，我們要怎麼才能使自己盡快被別人發現呢？答案就是：**有針對性地推銷自己。**

與眾不同，做事方式凸顯你

大偉到一家公司應聘，與另外兩名應聘者同時被錄取。

上班的第一天，經理交代完日常工作後，還特意告訴他們三人，公司二樓第 7 號房間是不允許任何人進入的，如果誰違反規定進去了，那麼就會被辭退。此後三人每天都忙於工作，上樓下樓總是會路過 7 號房間，因為這個房間正對着樓梯，是上下樓必經之處。還可以很清楚地看到房門並沒有鎖，只是虛掩着，還留着一道縫兒。雖然工作很忙，但是每到閒暇時間，大偉總是會琢磨 7 號房間，心想："聽經理說話的意思，感覺那個房間很重要啊！可是，那麼重要的房間怎麼不鎖呢？是不是有甚麼特別的意義？"

工作到第七天，大偉決定進去看看，他不想被一扇虛掩的門擋在門外。中午休息時，大偉推開了那扇門，裡面已經積了很厚的灰塵。大偉曾設想裡面會有很多東西，也一定會有監控設備，可是這間屋子裡甚麼都沒有，而且他進這個房間根本沒有人知道。一頭霧水的大偉下午繼續工作，但是到了快下班的時候，他把自己今天進了房間的事情和經理說了，並說他違反了公司規定，現在是來辭職的。

經理聽後，笑着對大偉說："那個房間空了很長時間沒人進了，因為公司有規定沒人敢進。但是門並沒有鎖，就是給人留了機會，可是好多人卻被一些死規矩束縛住了，面對擺在眼前的機會也不敢出手抓住。公司要發展，一定要有勇於開拓的員工，而不是只有循規蹈矩的老實員工。招聘這麼多人，這麼長時間，你是第一個敢推開那扇門的人。"結果，大偉在公司得到重點培養，事業上得以大展拳腳。

人人都有個性，職場上，在展露才能的過程中，同時展現個性是有必要的，如果只是一味低頭做事，那麼你在工作中出頭的機會就會相對減少。試問哪個上司喜歡毫無個性的員工？因為，沒有個性的乖孩子是不能給企業帶來想像力和創造力的。可是怎樣才能在工作中凸顯你的個性，為自己加分，而又不讓他人感覺到你是在故意張揚呢？

　　管理學上有句名言：**"要低調做人，高調做事。"** 被很多人誤以為低調做人，就是把個性都隱藏起來，在工作中努力上進，把每份工作都完成好就對了。其實，所謂要低調做人，就是做人要謙虛，做事多些謹慎，不能太張揚。而在工作中要適時恰當地展露出自己的個性，

　　與眾不同才能彰顯個性，孔子曾說過："君子和而不同。"意思是在為人處世上要與人和善，不能計較過多，否則會導致不和諧。可是在性格上，要永遠保留自己的東西，不能被周圍同化。到了現代社會，我們在工作中更應該把個性中好的東西發揮出來，和工作相結合，和周圍同事保持工作上的一致，而且性格上要保留自己的特有本色。

"異議" 的故事

　　魏徵勸諫的故事相信大家都聽過。魏徵是唐代名相，他勸諫的是唐太宗，這真是高風險的工作，因為皇帝是九五至尊，有無上的權利，把皇帝惹怒了，後果會很嚴重啊！

　　有一年，唐太宗為了彪炳自己幾十年的豐功偉績，要修一座富

麗的高台，魏徵當然要勸說皇帝放棄這種勞民傷財的工程。但是不能直勸，那會讓皇帝認為你藐視他的功績。魏徵隨即上書，說告假百日不朝。唐太宗差人問詢，魏徵對使者說："陛下要修此台，臣一定會非常辛苦，定會大病一場。"使者不解，魏徵繼續說："此台一修，我會絞盡腦汁想辦法，寫一告民書，好讓天下百姓知道，此工程既不勞民也不傷財，乃是陛下千秋功績之義舉；還要想盡辦法籌款籌糧，更要讓這些修台百姓高高興興地拋家捨業來為皇帝築台。如此勞心費神我豈能不病，說不定，也就不會再痊癒了。"使臣回覆後，唐太宗也只能作罷，放棄修高台了，要不然他真成了勞民傷財的暴君，他的大唐江山恐怕也會就此病倒無法痊癒了。

魏徵的旁敲側擊起了作用，既讓唐太宗認識到了自己的錯誤，也給皇帝保全了面子，沒有公開反對皇帝。君臣之間不但沒有因為此事產生任何矛盾，還加深了彼此間的了解。

在職場上，上下級之間難免會有意見相左的時候。在雙方觀點不一致，尤其是利益產生衝突時，如果不能以恰當的方法向上司提出建議，不但達不到預期的效果，還會加劇矛盾，錯上加錯。那麼，怎樣提出異議，才能既令上司明白問題所在，又能心悅誠服，而不會因為你的 "僭越" 而耿耿於懷呢？

上司做出的任何決定，都有其一定場合和事態變化的情況。而有的時候 "當局者迷，旁觀者清"，身為領導可能會因為身邊的種種假象而失去了理性的判斷。作為下屬，首先要分析清楚當前形勢，明白按照上司吩咐的去做究竟會帶來甚麼樣的後果。然後充分想一下作為上司當時是出於一種甚麼樣的心態和形勢而做出這個決定的。最後，向上司提出不同建議時，要講求語言藝術，不能當面鑼對面鼓地指出來，而是要**有策略地善意委婉地把事實講清楚**，協助上司認清失誤並走上正軌。

所謂福禍相倚，當和上司有矛盾時，往往也是一個和上司加強溝通、提高自己應變能力的好時機。而且在經過一次良好溝通後，上司會對你的印象加深，在以後的工作中也會更加重視你的建議，並願意來傾聽你的建議。誰都不希望，因為自己的獨斷而帶來不必要的錯誤。任何矛盾都是在彼此不理解時產生的，如果雙方能及時了解對方的想法，那麼就可以將矛盾由大化小、由小化無。

第 4 話

拉近與上司的距離

035

測　試　　你的 “職場聽力” 怎麼樣？

　　如果你有足夠的觀察力，就能挖掘出工作以外的信息，不要小看這些信息，也不要以為這很八卦，有時候一些不起眼的小道消息，可能就是解決某件疑難事情的突破口。要在職場上做到眼觀六路、耳聽八方也不是一件容易的事。

題目：通過一些日常的行為可以看出你的 “職場聽力”，選擇最合適你的一項，然後把所對應的分數加起來。

1　　在家裡找一件很長時間沒用的東西時，你會：

　　集中精力想這個東西可能放在甚麼地方，然後反覆尋找

　　→ 10 分；

　　沒有目的到處尋找→ 5 分；

　　時間太長了，自己不太可能找到，找朋友幫忙吧→ 3 分。

2　　假如有人建議你去參加一項你不會的運動時，你的想法是：

　　要好好地學會，盡量能贏→ 10 分；

　　找個藉口拒絕對方→ 5 分；

　　和人坦白說自己不會，不去了→ 3 分。

3　　書看到一半了，必須要停下，於是你會：

　　用鉛筆在別的本子上記住讀到哪裡了→ 10 分；

　　夾個書籤→ 5 分；

記住書頁，下次接着看→ 3 分。

4　坐公交車時，你一般會：

甚麼也不看，低頭想自己的事情→ 3 分；

注意一下身邊的人→ 5 分；

坐下看看身邊的人，然後與其搭話→ 10 分。

5　每天清晨起床後，你通常做的第一件事是：

馬上知道自己該做甚麼→ 10 分；

會回想夢境裡的情況→ 3 分；

先想想昨天做的事情，再思考下今天都該做甚麼→ 5 分。

6　走在大街上，你會：

留意來往的車輛→ 5 分；

觀看樓房的正面→ 3 分；

對視線內的行人都會細細觀察→ 10 分。

7　在一個滿天繁星的夜晚，感到孤獨的你會：

努力尋找星座→ 10 分；

無聊地看着天上的星星→ 5 分；

閉目養神，甚麼也不看→ 3 分。

8　第一次進入某公司時，你會：

注意辦公桌椅的擺放位置→ 3 分；

注意辦公室物品的準確位置→ 10 分；

觀察牆上有甚麼掛飾→ 5 分。

9　看到一些老照片，上面有親戚、朋友、同學，你的情緒會：

想到過去的一些事情，感到很激動→ 5 分；

想起了一些令人尷尬的事情，覺得可笑→ 3 分；

會花心思盡量了解照片上的人現在都在做甚麼→ 10 分。

10　與人初次相遇時，你會：

悄悄將對方從頭到腳觀察一遍→ 5 分；

將對方打量一番後，也注意看對方攜帶的物品→ 10 分；

只看對方的臉→ 3 分。

11　請幾個朋友吃飯，餐桌擺好，菜還沒有上，這時你會：

餐桌很漂亮，讚揚這個餐桌的精美之處→ 3 分；

看看所請的朋友是否都到齊了→ 10 分；

看看餐桌上的餐具和椅子是不是夠用→ 5 分。

12　新到一家公司，當打開公司的公用櫥櫃時，你會：

只注意看裡面有沒有自己能用的東西→ 3 分；

也會看看一些比較顯眼的東西→ 5 分；

仔細看看裡面到底有甚麼→ 10 分。

13　旅行中觀看風景時，你會記住：

色調的變化→ 10 分；

高遠的天空、大海→ 5 分；

觀看風景時的感受→ 3 分。

14 公司新來了位領導，你會選擇先記住領導的：

姓名→ 5 分；

外貌→ 10 分；

不是我的直接上司，不去記→ 3 分。

15 在公園等一個朋友，可是因為來得有些早，這段時間你會：

仔細觀察公園裡來來往往的人→ 10 分；

看報紙→ 5 分；

想想一會兒朋友來了的場景→ 3 分。

結果分析

分數大於 100 分：你是一個職場聽力很好的人。對於身邊的事物，你都會非常細心地留意，既善於觀察別人，也善於分析自己，如此細緻入微的心態，能讓你對人有極其準確的判斷。但是往往會讓人覺得你太拘泥於細節，可以適當地豪放一些，做一個大氣的人。

分數大於 75 分：你是一個職場聽力相當敏銳的人。很多時候，你會比較準確地發現某些細節背後的東西，這有助於你提高自己的判斷力，也可以提升自己的信心。但是，不要因為自己有很好的觀察力而武斷地去判斷一個人，那樣會使你在對別人的評價中帶有偏見。在對他人的評價中應該多些客觀。

分數大於 45 分：你的職場聽力多是表象的。對別人隱藏在外貌、行為背後的東西通常觀察不到。從某種角度講，不太善於觀察內在東西的你，可以避免讓自己陷入不必要的事情中，這樣會讓你多一份內心的平和。但是，你對別人的觀察不深刻，卻會有人將你觀察得很細，還是要多留意一些本質的東西，可以對自己多一些保護。

分數小於 45 分：你是一個職場聽力很不靈敏的人。有些時候可以認為是你對周圍的人和事不關心，但是更多的是你觀察不出別人的內在。因為對別人觀察不深，也就使你過多地活在了自己的心理範圍內。但是，要注意的是，對他人的觀察不到位可能會給你的社交生活造成障礙。

有效溝通在於傾聽和發問互動

　　現實生活中，大多數人都以自我為中心。這有助於保護自己。但另一方面，也會疏遠人與人的距離。那麼，在這種情況下，如何拉近與他人的關係呢？很多人會選擇經常在一起玩玩聚聚，推杯換盞，拉近距離。其實，要想和別人拉近關係，要以感情交流為主，知道別人需要的是甚麼？厭惡的是甚麼？哪裡是脆弱的地方？每個人的心裡都有脆弱的地方，將這個地方找出來，然後加以利用，我們就能進入別人的心裡。

　　拉近與上司的距離，對下屬來說是一個進步的機會，對於上司個人來說，也是一個很重要的選人途徑。

　　與上司交流、溝通，下屬首先要學會巧妙地傾聽和發問互動，切忌無所顧忌的談話。很多人認為善於表達的人就是溝通能力特別強的人，其實並非完全如此。溝通應該是雙向的，真正的溝通是以良好的傾聽為前提。很多人表達能力很強，但傾聽能力不好，還沒有認真地聽清對方說甚麼，就按照自己的主觀臆斷表達自己的想法，這樣的人太自我，溝通過程中難免給人留下自大狂妄的印象，最終肯定達不到理想的溝通效果。在溝通過程中應該多聽少說，和上司溝通就更要認真傾聽。良好的傾聽，有助於對信息進行分析和判斷，然後根據信息處理的結果進行反饋和表達，這才是真正的溝通。溝通中的分析和判斷是非常重要的。一般上司和下屬談話，本身就有以上示下的感覺，這時作為下屬一定要表現得認真而謙虛，無論是表揚還是批評，或者只是一次很普通的談話，認真地傾聽都會讓上司覺得是被尊重的，上司說的話是有意義、被重視的。**心理學上把這概括為："差別滿足感"**。在傾聽的過程中，還要留心每個細節，因為上司和你說的每一句話都有可能在接下來的溝通中再次涉及。

溝通中的另一個要素是發問，我們不能只做點頭蟲，那樣會給人應付的感覺。上司說完後，我們可以在幾個方面提出問題。第一，問上司心中的重點。不管談話時間長短，事情緊急與否，談話中肯定會有側重點，可能談了許多都是為這個重點服務的。如果你所提問的正是上司認為的重點，那麼上司就會知道你和他的想法是一致的，是可以將重點的事情交給你來做的。第二，問上司擅長的方面。問上司擅長的，可以讓上司在回答你時產生滿足感，感到高興，也是和上司增進關係的一種方法。第三，問些讓上司感覺驕傲的事。上司也是需要表揚的，但是不能直白地表揚，不經意間的讚揚更容易讓上司感到很有面子。

有效溝通會讓人感到十分愉快，容易接受彼此的觀點。良好高效的溝通方式一定是彼此放低姿態，一方不能咄咄逼人，另一方也不能唯唯諾諾，更不能心不在焉。與人溝通是拓展人際關係的必備要素。和上司的溝通，是向上司推銷自己的一種最直接的手段，也是拉近和上司間距離，提升自己在上司心中地位的絕佳機會。

主動傾聽上司的心聲

三國時，諸葛亮是一個很會關心上級的人，從輔佐劉備治國安邦，到幫助劉備巧得嬌妻，無不體現了他是一名深知主公心意，善於出謀劃策，幫助主公排憂解難的優秀下屬。

赤壁大戰剛剛結束，劉備還沒來得及慶祝，噩耗便旋即而至，劉備的夫人甘夫人病逝。先是長坂坡喪糜夫人，此時又喪甘夫人，快五十歲的劉備帶着三歲孺子，讓人感覺甚是淒苦。此時，東吳派呂範前來弔喪，並向劉備提親，東吳願將孫權小妹嫁給劉備。劉備回說："我已年將半百，小姐年方妙齡，怕小姐不允啊！"此話一出已經很明白了，劉備是願意的，雖然他知道，孫權嫁妹是假，取荊州才是真。但是，此時的劉備，怎能不希望再娶妻室，況且老夫少妻乃是天賜的美事。此時，聰明的下屬，就不能以東吳此乃一計，實為賺取荊州，來勸諫主公不可應親。因為劉備也知是計，無須他人再提醒，他此刻想要的是一個既能幫他娶回嬌妻還要使東吳的美人計落空的好辦法。

諸葛亮深知劉備之心，他馬上告訴劉備應親，然後令趙子龍保駕前往，並巧施錦囊三計，讓劉備抱得美人歸，全身而退。諸葛亮的聰明之處就在於，他準確地洞悉了劉備的心理狀態，然後不動聲色間，運用謀略利用這個天賜良機解決了主公內心的疾苦，而且同時把風險化為烏有，收益卻最大化。與勸說劉備不可去東吳的那些人相比，劉備當然會更喜歡這個想上司之所想、急上司之所急的好下屬。

常言道："家家都有難唸的經，人人都有難唱的曲。"能量再大，再風光無限的人也會有煩心事、難言苦。其實這些難說的心事就是一個人最軟弱、最脆弱的地方，因為人的正常心理就是想隱藏起心中的脆弱部分，展示自身的強大部分。這就要求做下屬的平時要有慧眼、慧心，發現這些。不要把知道上司的一些隱私當成洪水猛獸，因為這是你真正從心裡接近和理解上司的一條捷徑。因為有些事上司不能說，但是往往越想隱藏的就越是希望別人能給予理解。誰都渴望被理解、被安慰、被關心。

和上司談論的難處在於，不能單刀直入，避免給對方造成心理上的衝擊，要找準突破口，循序而入，從最溫暖的地方開始，用最平和的方式溝通，以真誠的心態，站在對方的角度，認真傾聽，多肯定他的想法，用真心來感受其心裡苦悶。**用真心打動對方，使其能確確實實感受到你的真誠**，這會增加彼此之間的信任度。

只有讀懂了上司的心才能做到對症下藥。但是要想真正接近一個人的內心絕不是一朝一夕的事！因為上司的苦楚，幾乎都是平時不好說，也沒有甚麼好辦法解決的。這時就要等待時機，不可盲目為其支着，要做到先看在眼裡，記在心裡；再找準時機，主動出擊。

與上司之間傾聽障礙的心理學根源

十種最能導致傾聽障礙的心理因素

1 對比傾向

對比使傾聽變得困難，因為你總是在評價誰能力更強、成績更

好 —— 是你還是對方。所以當某人正在講話時,你卻在琢磨自己的事兒。比如,"他工作有我好嗎?……""我都有多少年工作經驗了,他才來多長時間……"出於種種對比的想法,你可能無法聽進對方多少話語,因為你正在忙於考慮對方是否夠資格和你說話。

2 選擇傾向

人人都有先評估和判斷所接受信息的天生傾向,人們往往會選擇聽感興趣的部分,而對不感興趣的那部分並不在意,因此會漏掉很多有用的東西,這無疑會影響傾聽效果。簡單說,即你只關注某些事情,對其他事情無暇顧及。比如,總是在想上司今天好像不太高興啊,是怎麼了?是因為我嗎?或者,最近要提拔主管,上司找我談話,難道是想提拔我?一旦確信溝通中不存在此類東西,你就會心不在焉。當你確定上司的不高興不是你的原因;主管提拔任用沒有你甚麼事……這時候你就會不再關心之後談話的內容。過濾信息的另一個方法是乾脆當作沒聽到某些話語 —— 特別是那些帶有否定的、批評的或令人不愉快的話語。就好像這些話從來沒有聽過:對它們毫無記憶。

3 先入為主

先入為主具有巨大的影響力。如果你臆斷某人愚蠢、無能,你就不會對他們說的話給予多少關注。因為你早已把它們一筆勾銷了。草率地斷定某一陳述是不正確的、沒有價值的、不值得關注的,就意味着你不會再去傾聽,而只是做出機械的反應。傾聽的基本規則是:只有在聽完別人講話的全部內容並做出評估之後,才能作判斷。

4 好為人師

上司都是隨時準備為下屬提供幫助和建議的。一般只消聽上三五句話就開始在腹中搜尋良策。然而，就在你出謀劃策，勸人家"不妨一試"的時候，你可能漏掉了最重要的東西。

5 剛愎自用

剛愎自用是很危險的，也是最容易導致傾聽障礙的。他們會想盡一切辦法來說明自己的觀點正確，不容別人提出任何一點兒反對意見和友善的建議。聽不進批評意見，堅持錯誤，拒不改正，固執己見。因為拒不認錯，所以只有繼續犯錯。

6 轉移話題

當對某一話題厭煩或感到不舒服時，人們就會轉移交談的話題。或採用直接方式轉移，一下子打斷別人。也可以是開玩笑的方式。比如為了避免在聽到別人說話時感到的不適或焦慮，無論對方講甚麼，你總是回以玩笑或俏皮話。

7 急於發言

人們都有喜歡自己發言的傾向。發言在商場上被視為主動的行為，而傾聽則是被動的。著名心理學家曾說："我們都傾向於把他人的講話視為打亂我們思維的煩人的東西。"在這種思維習慣下，人們容易在他人還未說完的時候，就迫不及待地打斷對方，來闡述自己的觀點，或者心裡早已不耐煩了，因此往往不可能把對方的意思聽懂、聽全。

8 排斥異議

很多人喜歡和與自己意見一致的人講話，也樂於傾聽和自己意見一致人的講話，因為對方就代表了他，也就是肯定了他。但對與自己意見相左的人卻是一句也聽不進去，甚至還沒等開始交談，就已經厭倦了這個要交談的對象。這種拒絕傾聽不同意見的人，在傾聽的過程中就不可能將精力集中在講逆耳之言的人身上，也不可能和任何人都交談得愉快。

9 武斷

以為自己已經肯定知道對方想表達的意思，就不願意聽他們實際上想說甚麼了，乾脆把話頂回到說話者的嘴裡，有時候根本就不想讓對方開口說話。還有一種形式是事先假定一個人的話或思想很無聊，或者是會引起誤解。武斷的人常常早早就決定一個人說出來的話沒有任何價值，從而選擇忽略他所講的，以致無法接收對方實際的信息。

10 太注重說話方式與個人外表

人們都有個常見的心理定式，即看外表判斷內在。傾向於根據一個人的長相或講話的方式來判斷一個人，因此聽不到他真正說了甚麼。漢初名臣周昌是個結巴，口吃很嚴重。但是周昌是很有能力的，高祖劉邦很賞識他的才能，卻又很頭疼他講話，聽周昌彙報工作實在太累啦！但是為了國家社稷，劉邦還是很耐心聽取周昌的建議，有時周昌會為了一件事和高祖針鋒相對，劉邦鑒於其才能和忠心，不僅能原諒周昌的頂撞，還能採納周昌的建議。

歷來上下級之間就是一對矛盾體，上級覺得自己位置在上，能力肯定比下屬強，沒必要聽下屬說太多，只要下屬認真按命令做事就行。下屬覺得上司說話都是以勢壓人，對於上司說的話感覺到很刺耳，不願意聽。**在心理學上這叫"傾聽障礙"。**

其實，上下級之間會產生這種傾聽障礙，主要根源是人本身的性格弱點，傾聽者本人在整個交流過程中有非常重要的作用，在兩者交談過程中，其實是傾聽一方佔據主導意志，傾聽者理解信息的能力和態度關係到雙方交談的效果。但由於每個人都有自己的思維和經驗，難免在傾聽時加上自己的感情色彩，在無形中為溝通樹立了障礙，無法準確理解別人傳遞的信息，從而影響了溝通。

喚起上司的訴說願望

越戰時期，美軍有一位叫詹森的上尉，是位很出色的軍人，他所領導的連隊以能打硬仗而著稱。而且詹森上尉有一個幸福和睦的家庭。戰鬥閒暇之餘，他總會讀妻子的來信，給大家看他兒子可愛的照片，講講兒子的趣事。但是從某個時刻起詹森上尉就再沒有給大家講過關於兒子的任何事情，雖然還是常看妻子和兒子的照片。連隊裡的其他人都沒有在意這件事，因為戰爭很殘酷，人們每天都會面對生與死的考驗。但是下士麥克把詹森上尉這一反常舉動看在眼裡。

"一定是上尉的兒子出了甚麼事情，"麥克想，"但是要是直接去問上尉，他肯定不會說的，上尉是一個意志很堅強的人。"所以，在以後的一些戰爭空餘時間裡，麥克都會主動和上尉待在一起，和他說話，說一些國家的事，戰爭的發展，自己家裡的事情，以及偶爾說些自己在兒時曾經遭遇過的情況。說話時,他留心觀察詹森上尉的反應,他發現每當他說起小時候的情形時,上尉的表現都會不一樣,會選擇刻意岔開和打斷。麥克更加堅定了自己的判斷。在以後的談話中,他不但會說一些自己的情況,更會多提起一些他在遭遇不幸以後是怎樣努力做的,家人是怎樣關心自己的,別人是怎麼給予幫助的。慢慢地,上尉由排斥變成傾聽、交流。

直到在一次大規模戰役的前夜,詹森上尉終於向麥克吐露了心事,原來他的小兒子得了小兒麻痺症,這令他十分痛苦,因為他的大兒子已經在幾年前的一場車禍中喪生。這樣的變故令他的妻子無法接受,精神幾近崩潰。已在越南服役一年多的詹森本來是可以申請回國的,但是作為軍人,他不能因為自己的私事而不顧使命。那一夜,上尉說了很多,麥克靜靜地聽着,同時深深為上尉遭遇的不幸感到悲傷。第二天戰鬥中,詹森身受重傷,被救起後,送往後方醫院,這時麥克趴在上尉的耳邊,輕聲地說道:"為了兒子,你要堅持。"

每個人都有訴說的願望,只是很多時候沒有勇氣向別人訴說。怕一些不好的事情被別人知道了,別人會怎麼想?對我的看法會不會改變?苦心維護的良好形象會不會損毀?這是對自己沒有信心的表現。還有就是因為生活的經驗和職場上的規矩束縛着不能向別人訴說,以為身在職場,都應少說為好,多說無益。所以,人人都秉承 "話到嘴邊留一半" 的原則,凡事都會三緘其口。這是人的心理在作祟。由於上訴兩點原因,人們都堅信管好自己的嘴巴、關閉心門是對自己的保護。

不能說並不表示不想說，**傾訴是一種排解壓力的方法**。身為上司，工作中承受的壓力要高於其下屬承受的壓力。而且上司更要考慮維護自身形象和權威，所以外在給人都是：精力充沛，充滿智慧，有氣度的表象。在工作中，總要保持說出的話有分量，在生活和工作中的一些不快全部深埋於心。作為下屬，和上司在工作之餘聊聊家常是拉近與上司間距離的有效武器。

上面故事中的麥克認真觀察了上尉的行為，從中發現了變化。並且在引導別人訴說心事時，不是一味尋根究底地問，而是先說說自己的情況。"將欲取之，必先予之"，我們要想知道他人在想甚麼，最好的方法是先把我們所想的告訴他。他會在這個過程中，感到被尊重，被理解。有些時候幫別人排解內心的痛苦，也會使自己的內心得到一次洗禮和昇華。

Step 2

同事三分親

- 培養辦公室觀察力
- 駕馭自己在公司的情緒
- 提高你的辦公室信任度
- 辦公室多運用情商策略

職場上跟你相處最多的不是老闆而是同事。同事間的交流溝通，不僅頻繁而且重要，直接關係到工作效率和工作心情。辦公室不是一個小天地，而是一個大展台，每位員工的性格、作風、能力都會暴露於這個展台之上。同事在時刻關注着你，你也會不斷地觀察別人。

那麼同事間應該如何相處？如何營造融洽的 office 文化呢？

5 第 5 話

培養辦公室觀察力

測　試　面對不喜歡的人，你的應對能力怎麼樣？

　　面對自己不喜歡的人，人的第一反應就是煩，而且是 "一條龍地煩"，煩聽到，煩看到，更煩接觸，煩在工作中有交集。但是，在工作中不可能總是遇到我們喜歡的人，和不喜歡的人打交道，面對那些不喜歡但還要一起共事的人，我們的應對能力究竟怎麼樣呢？

題目：今天你覺得心煩，去了一家電玩城，在一個夾公仔的機器上，看上了一隻可愛的芭比娃娃。你決定試試手氣，結果一夾就中，但是怪手抓上的卻是芭比娃娃旁邊的一隻醜陋半獸人娃娃。這麼醜陋的東西，你可不想要，你會怎麼處理這個半獸人娃娃呢？

A　送給朋友吧，不管喜不喜歡，也要送出去

B　扔了可惜，還是先拿回家放着吧

C　因為娃娃不好看，自己不想要，也就別送人了，扔掉算了

D　就放到機器上吧，誰喜歡誰拿走

結果分析

　　選擇 A：送給朋友吧，不管喜不喜歡，也要送出去。

　　面對一個你不喜歡的人，盡量迴避是你常做的事。很多時

候你會說："不好意思，我手頭還有事沒做完，你可以和某某一起去。"不和這個人一起工作。如果有的工作是一定要兩個人來一起完成的，你也會想辦法，盡量讓兩個人各做各的，減少共同相處的時間。即使在一起工作時也是對人愛搭不理。其實，完全沒有必要這樣，工作中都是各有所長的，說不定在一起工作還能有所收穫呢，何必要拒人於千里之外？

選擇B：扔了可惜，還是先拿回家放着吧。

即便是面對一個自己很討厭的人，你還是會笑臉相迎，不得罪人是你的宗旨。有時心理厭煩到了極點，也不表現出來，在企業裡與每個人都能相處得很好。老好人心態的你，從不會說別人的不好。但是要警惕的是，這種心態會使你失去自身的判斷。以後在內心裡要多些對人對事的判斷，外表可以繼續這樣，但是自己在內心裡一定要清楚，甚麼人值得交往，甚麼人要敬而遠之。

選擇C：因為娃娃不好看，自己不想要，也就別送人了，扔掉算了。

你的性格很直接，喜歡誰討厭誰，通過外表就能看得出來，絕對不會將就湊合。對於自己討厭的人和事會堅決說不，不會猶豫。平時工作中對於自己不喜歡的人，連看都不會看一眼。即便是上司安排的，讓你和一個討厭的人共同來完成一項工作，你也會和上司直接說出來，你是不同意這麼安排的。其實，每個人都有自己的優點和缺點，即使是你很反感的人，也會有他好的一面。不能只看到別人不好的一面，就把人一棍子打死。難道，你在看人的時候都要戴着有色眼鏡嗎？要學會寬容別人。

選擇 D：就放到機器上吧，誰喜歡誰拿走。

你是一個很會與人溝通的人，即使面對一個自己很不喜歡的人，你也會用自己的慧眼看到那個人的長處，取其所長，為己所用。在你的內心裡，盡量完善自己是頭等大事。所以，每個人都是你學習的對象，所以不會放過挖掘每個人身上的優點。擁有這樣性格的你，在工作中想出成績應該不是難事。

辦公室裡學問大

辦公室是我們非常熟悉的環境，我們白天的大部分時間都要在辦公室裡度過，這裡不僅有緊張的工作，還有需要理順的人際關係。所謂"畫虎畫皮難畫骨"，想要透徹地觀察人和事物，可不是一件簡單的事情。

觀察不僅是指在旁邊靜靜地用眼睛觀察對方的一舉一動，察言觀色是最初步的觀察，還可以通過各種方法和渠道進行觀察，比如，通過別人的交友方式；自己在被批評時，批評者是很容易表露出原本性格的，批評別人有一種凌駕於他人之上的心態，這時批評者會降低心理防禦力；還可以在別人對你的評價中看到別人的性格。總之，方法多種，要學會根據不同場景靈活運用。

學會和每一種人相處是個大學問。世間的人形形色色，各有各的性格，我們不能針對性格交朋友。一個有成熟心理的人一定是一個適應力強大的人，可以適應各種環境、事情，也可以適應各種人。只要我們能以"三人行必有我師"的心態來看待每一個人，就會發現每個人都有值得我們學習的地方。只有多學習，多取經，才能使我們在工作中如順水行舟，事半功倍。

"察言觀色"是褒義還是貶義？

唐玄宗李隆基剛登基不久，為了彰顯皇帝威儀，到驪山下檢閱軍隊。當時從大唐帝國的各個州府緊急抽調來的軍隊超過 25 萬人，遠處望去軍旗招展，戰馬嘶鳴，連綿不絕。但由於都是倉皇間調集的軍隊，事先沒有經過任何訓練，其中有好多還是剛入伍的新兵，軍容很不整齊，而且有的是從很遠之地趕來的，因為勞累而怨聲載道。

唐玄宗看後大為惱火，聲言一定要處死兵部尚書郭元振。郭元振對唐玄宗忠心耿耿，在唐玄宗登基的前後，平息了兩次宮廷政變，穩住了唐玄宗的帝位和大唐江山，實在稱得上勞苦功高。於是一些大臣跪勸唐玄宗："軍隊不夠嚴整，郭元振確有過錯，但還罪不至死。況且郭元振乃社稷之功臣，不可殺！"唐玄宗本就不想殺郭元振，便應了眾臣，將郭元振流放新州，以觀後效。覺得立威不夠的唐玄宗又聲言要殺掌管禮儀的唐紹。此時，殿外的金吾衛將軍李邈聽到此話，以為皇帝已經下旨，便立刻砍了唐紹的腦袋。唐玄宗見唐紹真的死了更為惱火，因此罷免了李邈的官，當庭宣佈永不敘用。

其實，明眼人都看得出來，唐玄宗雖然因為軍容不整而大為惱火，但他並不是有意要殺人，尤其是既有能力又忠誠於自己的人。只不過是藉剛登基之際，發發威風，做給別人看就是了。可惜李邈卻不明就裡，當了真，不知"五火之變"，雖然恭敬從命，卻觸怒了天顏，丟了官。

人們常會說，某某人真會察言觀色啊！見甚麼人說甚麼話。聽到這樣的話，會讓人覺得察言觀色帶有貶義色彩。說起來也是，都說人與人之間需要真誠的溝通交往，為甚麼還要看別人的臉色行事呢？

　　其實，真誠交往是對的，但是要建立在相互了解的基礎上，不能只顧與人真誠，不顧現實情況，做出一些"哪壺不開提哪壺"的尷尬事。察言觀色是人際交往中一項必需的素質，要想與人進行良好的溝通，總要先顧及對方的感受，對方感覺愉悅時，可以繼續就某話題進行進一步交流，而對方感到有些不適應或者不太願意繼續下去時，就要馬上終止此話題，換個有利於對方接受的話題。

　　另外，在弄不清楚對方究竟是何用意時，用心去觀察對方的言談舉止是非常必要的，這能使你在與人交往時佔有主動地位。比如，京劇《沙家浜》中阿慶嫂有句著名唱詞："我必須察言觀色將他防。"俗話說："說話聽聲，鑼鼓聽音"，在刁德一咄咄逼人的氣勢下，在不明對方的具體來意時，阿慶嫂就必須觀察對方的一舉一動，小心應付。

　　學會"未卜先知"對一個人來說非常重要，尤其是在那些看似簡單的事情上。不懂得察言觀色，就永遠不會稱得上才智過人。面對不好當面直說的事情，明智之人雖然深知其底細，然而卻從不點破。這就需要我們察言觀色，學會洞察他人的心理，理解別人字裡行間的意思。

　　心理學家將"察言觀色"定義為一種極其重要的職場 EQ 能力。通過研究發現，我們要想和他人進行有效溝通，說話內容最多只起到 7% 的作用，而 38% 取決於聲音（音量、音調、韻腳等），另有 55% 取決於肢體語言（面部表情、身體姿勢等）。如果我們看不懂他人的臉色，就別想讀出對方的心聲。

在職場的人際互動過程中，懂得"看臉色"的能力同樣十分重要。所以，在解讀他人心意時，重要的不只是他說了些甚麼，更重要的是他是怎麼說的。我們也發現，肢體語言傳達出的意思往往比單純的語言內容更具可信度。要想偽裝語言所表達的意思容易，但要想偽裝肢體語言就困難多了。所以，一個 EQ 高手應該特別重視身體所透露出來的信息。

面對無端指責，內心從容

20 世紀 30 年代美國深陷經濟危機，國民生活非常艱苦，時任美國總統的羅斯福實行了多項金融貨幣政策，來改善國民經濟。但由於此次危機是世界性的，範圍大、時間長、程度深，要想從根本上解決，就好比危重病人不能施猛藥要緩治一樣，需要逐步改善。而此時羅斯福的政治對手們就以改善國民經濟效果不佳為由開始對他進行彈劾。後來，他們認為找到了一個足以顯示羅斯福是多麼奢侈的事例：彈劾羅斯福極為寵愛及關注他的小狗法拉。批評者譴責羅斯福麻木不仁 —— 還有許許多多美國人仍然過着貧苦的生活，他卻將納稅人的血汗錢花在小狗身上。

面對質疑，羅斯福的回應只有一句："批評者居然攻擊一隻毫無防衛能力的小狗。"結果，對手的攻擊不但沒有讓他陷於不利局面，反而還獲得了更多的同情，因為人們根據正常的心理反應都很自然地站在了"落水狗"的一邊。從此，廣大民眾更加支持羅斯福總統，他們一起渡過了難關，迎來了經濟的復蘇。

　　誤解、冤枉，甚至污衊、詆毀，如果在職場中遭遇到這些不公平的待遇，我們應該怎麼做呢？在部分人的想法就是申辯，盡力為自己辯解，結果取得的結果往往是越描越黑，越說越不清楚。面對這種無端的指責，我們應該以甚麼樣的心態來對待呢？佛法有言"八風不動心"。換句話說，就是內心從容。一個內心從容的人是最強大的，最不易被打敗的。平息無端指責和化解各種風波的最好方法就是對其置之不理。指責對方只會給自己帶來傷害，反唇相譏只會使自己的榮譽受損。內心從容可以用兩種形式表現出來：一是漠視；二是寬容。

漠視

　　心理學研究認為：**"你越在乎對手就越容易喪失主動性。"** 因此，不要受對手的影響，不要讓自己陷入無休止的爭辯中，要保持自己的思維獨立性。不要試圖去說服別人改變原有的認識，那樣你會受到對方的思維控制。慾望是一個奇怪的東西，越想得到，它反而離得越遠；你對它的興趣越高，失望也就越大。表現出一種無所謂的態度，這是非常有力的回應。不予理會能增強自己對事情的控制力，增加自己的影響力，過分涉入則會減輕你對事情的控制力，從而削弱你的地位。面對無端的指責，給予過分的關注和重視，就會讓自己看起來微不足道。你在這種事情上花費的時間越長，損失也就越大。

　　對於無端的指責和冒犯，最強有力的回應就是輕蔑和不屑，千萬不能表現出憤怒。越是顯得憤怒，就越讓人覺得批評者的正確性和事態的嚴重性。更多的時候放任不管也是一種高明的處事手段。

寬容

"宰相肚裡能撐船"，是說一個人的寬宏大度。能不計前嫌的人無論在生活和工作中都能佔據主動的地位，主動去理解對方、包容對方的人是制人而不受制於人的。而那些指責、批評他人的人，看似佔據了上風，其實他們只是看重眼前的利益，而失去了可以長久發展的機會。世上再笨的人，也知道批評、咒罵、抱怨他人，而大部分人會這麼做，可能是因為他的失敗。面對失敗的人生，只能用詆毀他人的辦法來獲得平衡。

寬容在道德上是美德，在行為中是友善，在人生中是明智，會在你的個人生活中發揮巨大的價值，也會對你的職業生涯起到長久的推動作用。人生中多去寬容別人，可以減少很多人與人之間的隔閡，可以讓大家更好地溝通。同時，寬容有利於解決許多棘手的問題，讓一些很難化解的問題變得容易解決。缺乏寬容之心，會阻礙人性的良好發展，妨礙正確的思考和推理。

你的寬宏大量，不僅會使對方感激萬分，更加佩服你的氣度，還可以讓其他人感到敬佩，從而做出對你有利的事情。"能容天下者，天下必能容之"，這正是成就大事業的本錢。只有學會寬容，做一個品格高尚、能力強的人才有可能成功。

職場不宜從眾，遠離不良氛圍

物理學家福爾頓主要從事固體氦熱傳導度的研究。在一次研究過程中，他發現了一種新的測量方法，運用這種新的測量方法，測出固體氦的熱傳導度比按傳統理論計算的數字高出 500 倍。起初福爾頓非常興奮，可是他考慮到這個差距太大了，不會是這個新的方法有錯誤吧？接下來他又經過了多次計算，肯定他測量的數值是對的。此時，福爾頓應該向外界公佈他的這一發現，但是他怕公佈出來以後，會被人視為故意標新立異、譁眾取寵，所以他就沒有聲張。

沒過多久，美國有位大學生在實驗過程中也測出了固體氦熱傳導度的新數據，結果和福爾頓測出的完全一樣。這位大學生公佈了自己的測量結果，並很快在科技界引起了廣泛關注，一舉奠定了他在科學界的地位。福爾頓聽說後追悔莫及，在他後來的日記中寫道：「如果當時我能摘掉名為'習慣'的帽子，而戴上'創新'的帽子，那個年輕人就絕不可能搶走我的榮譽。」

福爾頓的這種所謂"習慣的帽子"就是"從眾心理"。有時人們害怕自己被人說成是另類，就隱藏了自己的想法。不敢標新立異，怎能展現自己？

"從眾"就是通常說的"人云亦云""隨大流"，既然大家都是這樣的想法，我也就不要有其他意見，跟着一起做吧。反映在人格特徵上就是自信心不足、性格軟弱。一般在群體規模很大、群體意見一致時，容易導致個人行為遵從於大眾行為。從眾行為可能是盲目地、簡單地隨着大家的思路走，也可能是已經形成了心理自覺性的只要是工作中有需要個人表態的時候，就看別人都怎麼選擇。還有趨於壓力的表面上從眾，內心裡排斥的，上司的意見明明是錯誤的，但是怕自己的反對會在將來產生不利的後果，於是就違心地投贊成票。

從眾心理會帶來一些不好的後果，最直接的一種是導致人容易被不良氛圍感染。比如，在工作中為了能使自己合群，不被排除在群體外，不管是不是喜歡做的、可以做的，我們都會硬着頭皮做。這就要求我們面對問題時，不要停留在感性認識上，要在感性過後理性地去對待。感性認識只能促使我們不做選擇，而跟隨大眾觀點，理性認識則能使我們正確對待事情，正確判斷事情，這樣才能做出正確的選擇。

一個有思想的人，思維是系統性的，有連貫性的，會使問題最終朝着自己預想的方向發展。面對問題時的束手無策，面對選擇時的不置可否，選擇逃避、從眾是無能的表現。正所謂“勞心者制人，勞力者制於人”。**工作中不去花費心思思考和改變，是會受制於人的。**

6 第 6 話

駕馭自己在公司的情緒

測　試　　你的情緒是甚麼顏色的？

通常人們知道，顏色和性格相關。喜歡甚麼顏色，一般能反映出一個人的性格特點。比如，喜歡紅色的人，就會比較活潑、熱情，為人很有感染力；而喜歡藍色的人，就比較憂鬱；喜歡黑色的人性格比較沉穩。但是顏色也同樣能反映出一個人的情緒，或是焦慮，或是憂愁……

題目：通過選擇喜歡的顏色透露出你的情緒，你的選擇是：

A 白色　　　B 黑色　　　C 金色或銀色　　　D 褐色　　　E 紅色

F 灰色　　　G 藍色　　　H 綠色　　　I 黃色

結果分析

白色測試結果：你對外界不良情緒的抵抗能力很強，但是在被不良情緒感染後，抵制能力卻不強。白色象徵純潔，你覺得周圍一切與你有"一致性"，所以你不會帶給人任何不好的情緒。你的內心會很好地過濾掉那些使你感到不愉快的事情。

黑色測試結果：你是控制情緒的高手，善於轉移和釋放。在性格裡，黑色常代表消極和負面，可正是這種消極負面使我們有了對不好情緒的控制力。在有了憤怒、悲傷、焦慮的情緒時，你的第一反應是如何排解而不是糾結，很會想辦法開導自己。在公眾場合從來不會情緒失控。

　　金色或銀色測試結果：你是一個有兩面性情緒的人，有時很能控制情緒，有時卻因為不想控制而故意發作。金色和銀色給人的印象是財富和富裕，選擇這個選項的朋友，心裡感覺都很高貴，會審時度勢根據實際情況來選擇自己是不是需要控制情緒。因為你們覺得，有時候一定要將情緒控制好，而有的時候就一定要發泄出來，這種選擇性的失控對你來說，不只是一種宣泄的方法，也是一種處世的技巧。因為，發脾氣也是很有學問的。

　　褐色測試結果：你在受到不好情緒的打擊時，不善於反抗，而是選擇消極的躲避。以為凡事都是"退一步，海闊天空"。在這種無止境的退避中，別人看到的是軟弱。建議在以後的工作中要多些主動性。

　　紅色測試結果：你是一個情緒化比較強的人。紅色帶給人的感覺是奔放而積極的，這也說明，你不僅非常容易激動，也很容易感覺到挫折。在情緒很好時，會精力百倍；在情緒受到打擊時，就會無精打采，做甚麼都沒有信心。如果能讓自己減少情緒化思想，會給你的工作帶來很多幫助。

　　灰色測試結果：你是一個很能忍耐的人，但卻只是忍耐，不懂得調節。灰色是很有智慧的表現，可以向別人傳達出莊重和成熟的印象。平時你做事都是以忍耐為主，如果在自己不能做出有效反擊的時候，你是不會輕易讓別人看出你內心裡的真實活動的。能忍耐不是錯誤，但是不能只是忍耐，更要懂得調節這些不良情緒。

藍色測試結果：你是一個總是忍不住要發泄自己不好情緒的人。但是，你發泄的途徑不是用嘴說，而是通過肢體語言向外界表達。你覺得用嘴說出來，會讓人覺得你是一個沒有度量的人，是一個沒有承受力的人。但是用肢體語言來發泄自己的不滿，卻會讓人覺得你是一個不成熟的人。

綠色測試結果：你是一個容易衝動的人，幾乎控制不住情緒。很多時候，由於你的衝動性格，會把原本不大的事情擴大化。有時會因為自己的情緒不好，而牽連無辜的人。要學會控制自己的情緒，學會自我調節。不能讓不良情緒控制了你。

黃色測試結果：你是一個必須把情緒發泄出來的人。你會對人喋喋不休地抱怨，希望別人能對自己的遭遇感到同情，希望讓別人知道你是被誤解的。但是，你沒有注意到的是，你不停的抱怨會把那種不良情緒傳染給別人，讓人對你產生一種馬上逃離而後快的感覺，讓人對你越來越疏遠。

由上述測試可以看出，我們有許多種能表現出情緒的方式。在這些情緒表現中，有的是可取的，有的是不可取的。關於控制情緒的做法，我們還需要多多學習。

情緒決定人際關係

在物質與精神的關係日益複雜和多樣化的今天，人們的情緒更易受到破壞。而情緒對於協調人與人、人與物的關係有重要的作用。安東尼‧羅賓斯曾說過："成功的秘訣就在於懂得怎樣控制痛苦與快樂這股力量，而不為這股力量所反制。如果你能做到這點，就能掌握住自己的人生；反之，你的人生就無法掌握。"日常生活中憤怒、悲傷、憂愁、焦慮等諸多情緒是不可避免的，有了這些不良情緒時，不可任由發展，要學會控制自己的情緒。

憤怒就要制怒；悲傷需要轉移；憂愁時要懂得釋放；焦慮知道如何排遣。**我們要學會了解自己的情緒、控制自己的情緒、改變自己的情緒。**有甚麼樣的情緒，就有甚麼樣的心態；有甚麼樣的心態，就會有甚麼樣的生活。兢兢業業卻得不到升職的機會；一時衝動與人爭吵，只會加劇矛盾；暴跳如雷不如心平氣和。"無法控制別人，但可以掌控自己"，調節好自己的情緒，有助於正確理解他人的情緒。

好情緒可以讓我們擁有一個好的人際關係，是我們邁向成功人生路上的助推劑；而壞情緒則會讓我們成為孤家寡人，成為我們人生路上的絆腳石。情緒可以決定人一生的成敗，這種說法是不過分的。因此如何控制好自己的情緒，甚麼時候需要疏導，甚麼時候需要激發，甚麼時候需要隱忍，都是我們人生要認真學習的必修課。

情緒，能自控

三國時期，蜀國丞相諸葛亮親率 30 萬大軍北伐曹魏，魏國大都督司馬懿吸取了前任大都督曹真的失敗教訓，不與諸葛亮正面作戰，而採取了閉城休戰、不予理睬的態度。他認為，蜀軍遠道而來，中途還有秦嶺阻隔，後援補給必定不足，只要堅守不出，拖延時日，消耗蜀軍的實力，日後一定能抓住良機，戰勝這支疲憊之師。

諸葛亮和司馬懿屢打交道，深知司馬懿 "沉默" 戰術的厲害，也知道自己的軍隊是不能打持久仗的，日久必勢窮，勢窮則必敗。遂數次派魏延到城下罵陣，企圖激怒魏兵，引誘司馬懿出城決戰，但司馬懿打定主意，一直按兵不動。諸葛亮於是用激將法，派人給司馬懿送去一件女人衣裳及一盒脂粉，並修書一封說："仲達不敢出戰，跟婦女沒有甚麼兩樣。你若還算是堂堂男兒，就出來和我蜀國大軍交戰。若不然，你就穿上這件女人的衣服，到三軍中走一圈，告訴你手下的眾將士，你司馬懿膽小畏死，寧可作一婦人。"

"士可殺不可辱。" 這封充滿侮辱輕視的信，激怒了魏軍滿營將領，他們都表示要和蜀軍決一死戰，寧願戰死也不受辱。司馬懿開始時也是很憤怒的，手握寶劍，但是老謀深算的司馬懿很快就控制住了情緒，轉而一笑，不但沒有生氣，還將諸葛亮送給他的女裝穿在了身上，和手下眾將說："衣服的做工很好，屬於上等品。" 然後命人，將衣服和信收好，切莫損壞丟棄。諸葛亮的這一招兒並沒有讓司馬懿改變主意，他壓住怒火，冷靜思考，穩住軍心，耐心等待。

在相持了數月後，諸葛亮病逝於軍中，蜀軍群龍無首，只得悄悄退兵，司馬懿不戰而勝。他雖然失了自己的尊嚴，卻贏得了戰爭的勝利，更重要的是他保住了魏國的江山，為將來司馬氏一統天下打下了堅實基礎。不會控制情緒的人，一定是傷人又傷己。如果司馬懿不能忍一時之氣，受一時之辱而出城應戰，那麼或許歷史將會被改寫。

在生活中，總會發生很多事情讓我們感到憤怒、悲傷、急躁、焦慮等。這些不良情緒好像炸藥桶，隨時準備破壞我們的工作和生活，所以要做自己的情緒調節師，避免成為情緒的奴隸。要記住**任何不好的情緒都有破壞性，都會影響**正常的思維能力，使人失去理智，千萬不要讓不良情緒佔據心靈。要學會用理性來控制情緒，因為無論在何等的艱難中都會孕育着希望。

在職場上，抱怨是一種很常見的發洩情緒的方式，其實，抱怨不是不可以，因為通常只有在感到內心的痛苦無法排解時才會說出來。但是抱怨的方式非常重要，有些人不分場合、地點，見人就抱怨，也不管對方是否會真的理解你。另外，一定要注意抱怨的方法，比如，可不可以把抱怨改成訴說呢？可不可以拋棄那種哀怨的眼神、憤怒的口氣，而變成平和的語氣和理性的傾訴呢？這樣，既不會把自己的情緒帶給對方，也會使自己內心原本焦躁的心態放鬆下來，有助於自己認清事實。還要記住，只對有辦法解決問題的人發洩情緒，向同事或毫無解決能力的人發洩情緒，只能使你得到更多人的厭煩，因為你給人家帶來了不快樂。更重要的是，發洩情緒要注意場合。要在非正式場合與上司和同事私下交談，避免公開提意見和表示不滿。這樣做不僅能給自己留有迴旋餘地，還有利於維護上司的尊嚴，即使自己提出的意見出現失誤，也不至於使自己陷入被動和難堪。

那麼，要怎麼控制情緒呢？在公司裡，如果你對領導的安排不滿意，可以直接去找公司裡最有影響力的那位領導，然後心平氣和的與領導討論，說明你的理由。如果你不是心平氣和的與領導討論，而是很情緒化，那將使你無法清晰地說明你的理由，而且還會使對方誤以為你是對他本人感到不滿，而不是對他的安排不滿。所以即使感到不公平、不滿、委屈，也應當先把自己的情緒穩定下來再說。有時在我們聚集了很多不滿情緒時，更要先穩定心態，不能在某一時刻一股腦兒地發洩出來，而應該只針對當下問題，不要涉及太多。

在面對他人的故意挑釁時更要注意控制情緒。有時別人會針對你的弱點故意挑釁，如果你憤怒地進行反駁，那只能說明，對方把你看透了，對方很高明，一針見血扎到你的痛處，令你徹底失去尊嚴。所以，越是這時越要保持冷靜，不生氣。人們總以為生氣是一種習慣，誰能不生氣呢？但是，同樣的道理，不生氣也是一種習慣。不生氣不是忍氣吞聲地強壓怒火，而是要做到提高對外在環境的免疫力，不要輕易陷入生氣的陷阱中。

爭吵，可避免

清代有位大臣名叫張英，老家的親戚都因為有他這棵大樹而趾高氣揚。一次鄰居家擴建家宅，因宅基地和張家發生了爭執，張家人認為有三尺寬的地方是自家的，鄰居家也不甘示弱，稱這三尺寬的地方是自己家的宅基地。張英家人於是千里送書到京城，希望相爺打個招呼"擺平"鄰家。

張英看完家書後淡淡一笑，沒有幫家人這個忙，並在家書上回覆："千里修書只為牆，讓他三尺又何妨。萬里長城今猶在，不見當年秦始皇。"家人看到後甚感羞愧，便按張英之意退讓三尺宅基地，鄰家見丞相的家人如此豁達謙讓，深受感動，也自動退讓三尺，遂成"六尺巷"。這條巷子現存於安徽桐城市城內，成為中華民族謙遜禮讓的傳統美德的見證。

這個廣為流傳的"六尺巷"故事，很讓人欽佩。作為大臣有權有勢，可是卻並不以勢壓人，而是選擇寬容和退讓。寬容是一種修養，是一種品格，是一種境界。要有一種平和謙讓的心態，多給他人留餘地，與人方便就是與己方便。如《菜根譚》裡所言："徑路窄處，留一步與人行；滋味濃時，減三分讓人嚐。"我們在與人相處時就需要這種"留一步""減三分"的心態。

《增廣賢文》中有句話，"責人之心責己，恕己之心恕人"。人們往往都是無法容忍別人的錯誤，而想辦法忽略自己的不足。我們在放大別人錯誤的時候，就會帶有某些偏見，導致誤會，產生爭吵。有時候需要一些阿Q精神，看開點，凡事別太計較，是自己的終究是自己的，誰也搶不走；不是自己的爭也爭不來。即使爭來了，付出的代價往往比得到的還要大。

　　有一則寓言故事：兩隻山羊在一座獨木橋的中間相遇，橋下水流湍急，橋面十分狹窄，只容一隻山羊通過，可兩隻山羊誰也不肯退讓，雙方互不示弱，在橋上拚死相抵，最終雙雙跌落河水之中送了性命。"退一步海闊天空"，**冷靜是化解矛盾、避免爭吵的最好方法**。一個大氣從容、成熟穩重的人，總是把寬容和冷靜帶入自己的處事風格中。對某些事情，抱着寬容的心態去看待，多站在對方角度去思考，心態反而輕鬆了。另外，在平時多注意控制情緒，養成自製的習慣，將有助於在情緒發作時擁有更好的反應能力。

説 "不"，講究策略

　　拒絕是一門學問，要講究策略。中國現代國學大師啟功先生，就在需要拒絕時用了幽默的妙招兒。在 20 世紀 70 年代末向他求學、求教的人就已經很多了，以至於先生住的小巷門庭若市，惹得先生自嘲說："我真成了動物園裡供人參觀的大熊貓了。"由於勞累，先生患了重感冒起不了床，又怕有人敲門，就在一張白紙上寫了四句話："熊貓病了，謝絕參觀；如敲門窗，罰款一元。" 先生雖然病了，但仍不失幽默。

　　此事被著名漫畫家華君武先生知道後，華老專門畫了一幅漫畫，並題云："啟功先生，書法大家。人稱國寶，都來找他。請出索畫，累得躺下。大門外面，免戰高掛。上寫四字，熊貓病了。"

　　其實，啟功先生是不得已而為之，因為他的身體實在不能支撐。可是，直截了當地拒絕求教人的所求，這是不符合先生為人處世原則的，所以，最後才採用了幽默式的拒絕。

喜劇大師卓別靈曾說："學會說'不'吧！那你的生活將會美好得多。"很多時候，我們本想拒絕，但卻點了頭，礙於一時的情面，卻給自己留下長久的不快。還有的時候，我們只出於自己的考慮，而不講情面地拒絕別人，雖然這會讓我們減少一些不必要的麻煩，但是也給我們的人際關係帶來了隱憂。所以，**我們要懂得說"不"，學會說"不"。**

拒絕之前要先傾聽，請對方把處境與需要講清楚，再說"不"。傾聽的一個好處是，能讓對方先有被尊重的感覺，當你在表達拒絕立場時，也會避免傷害對方，擺脫應付對方的嫌疑。傾聽的另一個好處是，你可以針對他的情況，提出你的建議，如果你提出的建議是有效的、可行的，對方一樣會感激你。

同樣是拒絕，不同的拒絕方式給人的感受是不同的，有策略的拒絕能讓人接受和理解，而直接的拒絕則使人仇視和反感。那麼，在拒絕別人時，我們應該怎麼做呢？一，要秉持着"理直氣和"原則，理直會讓人明白你是有理由拒絕的，氣和會讓人覺得你是善意的，是帶有同情和尊重的。二，可以找一個讓別人感覺很合理的藉口來拒絕別人，把可能引起的不快控制在最低限度之內，才能既拒絕了別人，又保護了別人的尊嚴，既減少自己的麻煩，又維護了與他人的關係。三，不要立刻拒絕，不要輕易拒絕，不要生氣拒絕，不要隨便拒絕，不要無情拒絕，不要傲慢拒絕。在拒絕時用幽默的方式會讓對方感覺到輕鬆，這樣對方會覺得是被尊重的。

　　最後需要特別強調的是，當對方向你提出的是無理的、不正當的要求時，以上所說拒絕的方法都不可用，這時你拒絕的語氣必須是堅決而不容商量的。

7 第 7 話

提高你的辦公室信任度

測 試　　你值得別人信任嗎？

　　我們時刻都在努力證明自己是值得他人信任的。我們在內心裡都會害怕被他人懷疑。那麼我們的所作所為值得他人對我們產生信任嗎？我們要怎麼做，才能讓別人真心實意的信任我們呢？下面兩個測試可以讓我們看出一些端倪。

題目一：如果有朋友邀請你去參加當下最熱門的裸體瑜伽，你最在意的是甚麼？

A　怕自己不能放鬆

B　怕別人不能專心

C　怕自己的身材被人批評

結果分析

　　選 A．因為很愛面子，常誇大事實，所以常會讓人搞不清你的話哪句是真的，哪句是假的，對你說的話總是半信半疑。你說的話別人都會自動地打折扣。這樣你被別人信任的概率就降低了不少，以後要多說些與事實相符的話，如果別人都不信任你了，才是最丟面子的事情。

　　選 B．因為天性喜歡開玩笑，你說話沒半句正經，你說的話大家只當笑話聽聽，根本沒任何可信度，如果長此以往下去，你在別人心中的可信度就幾乎沒有了。開玩笑是可以的，但是要講究場合、地點，該正經時必須要正經，玩笑不是任何時候都能開的。

選 C。因為做人有原則又懂分寸，你會對自己說出來的話負責，所以只要是從你嘴裡說出的話，大家都會從心裡相信。這種類型的人在任何時候都有自己的堅持和原則，絕對會對自己說出來的任何話負責任，也正因為如此，你在他人心目中的可信任度是非常高的。

題目二：有一天你終於賺了大錢，可以買棟豪華別墅，怎知還沒有進門，就有個人匆匆忙忙地向你走來，你猜那人會對你說甚麼話？

A　你的房子真氣派，如果不打擾你，我可不可以進去參觀一下？

B　對不起，可以借您家的衛生間一用嗎？

C　請問這裡是不是大明星×××的家？

結果分析

選 A。你是一個非常值得朋友信賴的人，平時應該沒有人對你抱有懷疑態度。即便是對很微不足道的事情，你都很守時、守信，按照事先約定的做。對於已經答應別人的請求，都會盡心竭力去辦。如果有人對你講了些比較隱私的事情，你也會絕對保密。

選 B　你給人的印象是讓人半信半疑。平時在做事情的時候，總會有得過且過的心態，你不認為這是多麼大的事情，能做的就做，不能做的就不做嘛！但是這樣會給人留下不負責任的感覺。對於別人向你說出的一些秘密，你自會保密一部分，而有些在不經意間就會被你透露出去。不要在做事時給人一種無所謂的態度，那樣別人對你的信任度就會降低。

選 C　哎！在別人心裡你是一個不值得信任的人。工作中不敢承擔責任；對於別人和你說的一些隱秘事情，你會像喇叭一樣到處宣揚。這樣一直下去，就會落得不管你說甚麼，別人都不會相信你的下場。

兩個測試可以得到同一個結論，對於能否讓別人信任你，是靠日常生活中的點點滴滴積累的。不要忽略了你認為不重要的一些小細節。在工作中，我們要有認真負責的態度，對別人持真誠的態度，如此一來就會讓他人覺得我們是值得信賴的。

把自己變得簡單，把別人看得簡單

　　辦公室裡，同事們來自不同的地方，彼此間不僅沒有私人交往作為基礎，還有相互間的利益牽制，致使我們每個人都增強了自我保護意識，對別人每一句話、每個舉動都會仔細思量，絕不輕易相信別人。我們的心中也始終相信，別人對我們也是不信任的。每個人的心裡都在相互懷疑，好像每一張臉都顯得那麼居心叵測。其實很多時候，疑惑不是別人給我們的，而是我們自己的內心因為戒備而產生的，我們不應該因為懷疑而造成認識的誤區。在複雜的世界裡，把自己變得簡單，把別人看得簡單，是一種深層次的信任。

　　信任是連接人與人的最好紐帶，可以增進彼此間的距離。當我們信任他人時，我們會將許多東西，情感、秘密與其分享，不知不覺間，信任已將我們聯結。一個人得到別人的信任，會覺得他活得有價值，建立很強的責任心。一個公司得到他人的信任，會更快地發展壯大。信任可以聯結人心，信任可使人與人關係更緊密。

學會真誠

　　在美國西部的一個安靜的小鎮，有個活潑可愛的女孩兒安妮，每天快樂地和小夥伴們一起上學、放學、一起遊戲。可是有一天，安妮在玩耍時不小心從高處跌落，雖然被及時送到醫院，但是由於大腦受到嚴重碰撞，成了"植物人"。

　　現代化的醫療手段無能為力，剛剛十歲的安妮醒來的希望極為渺小，她的父母悲痛欲絕。安妮的小夥伴們也失去了往日的歡樂，在憂愁了幾天之後，幾個孩子做了個決定：要喚醒安妮，讓她再和大家一起玩。從那天起，孩子們每天放學後至少有一個人來到安妮家，到安妮的床前，握住她的手，輕輕呼喚她的名字，和她說以往的事情，學校裡每天發生的事情，還有小鎮的變化。他們彷彿在同一個正常的人娓娓而談。

一晃，八年過去了，往日的夥伴都已經長大成人，可八年來他們從沒放棄要喚醒安妮。現在，長大成人的他們已經不再單純地只是想讓安妮快醒來和他們玩，而是在為不想失去這個朋友而努力。他們中有的人為了未來離開小鎮，但是心卻沒有離開牽掛的安妮。時常會寫信回來，有時間就會回來看看。

又過了幾年，奇跡終於出現了，真誠戰勝了死神，夥伴們真誠的守護居然使安妮蘇醒過來。再先進的技術也有其力所不達的盲區，而人間真摯的情感卻可以創造奇跡。

真誠即真實誠懇，所謂"真誠不是智慧，但是它常常放射出比智慧更誘人的光芒。"真心實意、坦誠相待，能從心底感動他人並最終獲得他人的信任。人人都希望被他人認可、信任。當得到別人的信任時，我們會覺得一切都是美好的，生活充滿希望；可是當被別人不信任時，我們會覺得一切變得很糟糕，嚴重打擊自信心。

有時會遇到這樣的情況，你真心實意地對待一個人，可是他卻對你始終有所猜疑，這時我們不要埋怨對方的鐵石心腸，看不到你的真誠，也不要埋怨自己，多此一舉，把真心用錯了地方。其實，

我們還是要想想，自認為是對他人以誠相待的時候，我們是否真的
做到了，**真誠不是自己付出後的滿足感，而是讓他人感受到的誠
意**。如果別人還是對你表示懷疑，那只能說明，你帶給人家真誠的
感受是不夠的，否則，他人為甚麼不感動？人心都是肉長的，每個
人都會感受到真誠，也都希望付出真誠。

　　當我們感歎真誠的力量時，也會聽到一些抱怨，說生活中缺少
真誠。其實，那正是因為我們總渴望享受真誠，卻忘記付出真誠，
因為真誠都必須由真誠來換取。總之，人們的處世哲學不同，所形
成的處世方式就不同，其人生的結果也就不同。與人相處，"豁達"
很重要，它意味着風度、胸懷和氣質。"真誠" 更重要，它代表着
責任、信任和關愛。遇事存一份豁達，留一份真誠，可以使人彼此
認同和理解，也會使人自責和懺悔。從來成大業者，都將真誠看得
極為重要，也就是所謂的 "以誠信相交天下"。

給予與接受不難

　　胡雪巖，中國近代著名的 "紅頂商人"，民間流傳着他與友人王
有齡相識於微時、相互扶持的故事。

　　王有齡，福建侯官人，幼時跟隨父親做官到浙江。後來父親死
於任上，眷屬滯留浙江，難歸故里。王有齡雖在道光中葉就捐了浙
江鹽運使，但沒錢進京。在錢莊當夥計的胡雪巖見王雖窮困潦倒，
卻生相不凡，便擅自把為東家收的一筆銀款送給了王有齡，助他赴
京謀個官職。王有齡攜銀子北上後，果然官越做越大，在他的幫助

下，胡雪岩也水漲船高，成為杭城一富。可以說，如果沒有胡雪岩的資助，王有齡可能就永遠沒有出頭之日。可是，要是沒有後來官運亨通的王有齡的幫助，胡雪岩也不會成為富甲天下的紅頂商人。

落魄時的王有齡，一無所有，流落街頭，而胡雪岩一個藥鋪的小夥計，居然動用東家的錢來資助別人。胡雪岩之所以敢這麼做，是因為他看出王有齡不僅是個能成大事的人，還是一個很有誠信的人。而王有齡現在急需一個機會，這個機會需要有人來幫助。胡雪岩敏銳地覺察到了這點，他知道，人只有在需要別人幫助時，對別人給予的東西才會覺得很珍貴，就好比一個將要餓死的人，你給他吃的，哪怕是餿的臭的，那人也會感激涕零，因為你救活的是他的性命。而對於一個很富有的人，你無論給他甚麼，他都不會在意，只會把你給的東西放進他的財寶庫裡，對你也不會多加留意。

胡雪岩幫助王有齡抓住了機會，也為自己帶來了更多機會。而王有齡，在得到胡雪岩資助時，沒有多想其他的，而是想以後出人頭地報答恩公。不要覺得有人給予幫助，而你接受了，就是低人一等，永遠欠這個人的。其實，回報給幫助我們的人最好的方法就是抓住這次機會，實現自己的抱負，到那時你可以盡其所能給予對你有幫助的人。

"予人玫瑰，手有餘香"，當你把玫瑰花給別人時，你的手上也會留下玫瑰花的香味。而且這種香味持續的時間會更長，因為這裡摻進了另一種味道，就是"愛心的味道"，可以讓人從心底感受到一份恆久的花香。但是有時真的需要我們給予別人時，卻顯得很難。我們會考慮很多東西，我現在還不行呢，等我以後富了再幫助別人吧。有這樣想法的人很多，都是在等，等到自身強大了再幫助別人，其實很多時候，你當下的給予卻能為你日後的強大帶來幫助，也會給你在身處困境時帶來幫助。

相比給予，接受有時更加讓人難以接受，人人都希望高人一等，都希望比別人強。如果在很潦倒的時候，通常的想法都是躲避熟人，因為怕被人瞧不起，甚至躲避別人善意的幫助。雖然很想得到幫助，卻把它看成是有失尊嚴的事情，硬着頭皮拒絕。仔細想來，這樣的心態實在沒有必要，不是每個人生下來都會榮華富貴，高人一等，很多人上人都會經過艱苦的努力，在他們成功之前可能也有落魄的時候，卻憑藉自身的努力和別人的幫助走向成功。在成功的路上，沒有哪個人是單槍匹馬就能闖出來的，都需要得到他人的幫助。

王有齡和胡雪岩的故事提醒我們，不能只看重眼前的，忽略長遠的。我們不能因為要給予他人幫助會失去眼前利益，就放棄給予的想法。更不能因為自己內心不真誠的態度，而拒絕他人善意的幫助。仔細想來，給予和接受都不難，**只要我們能放下對眼前利益的追逐，懷着一顆寬宏的心**，就可以以從容的心態來給予他人幫助，接受他人幫助。

想改變他人想法，就先讚揚他

17 世紀的大西洋上，海盜很多，很多商船都會受到海盜的襲擊。這一年一艘西班牙的商船在船長伽羅的帶領下又一次出航了。

伽羅是一名經驗豐富的船長，不僅航海經驗出眾，而且對付海盜也是出了名的驍勇，很多海盜都不敢搶劫伽羅船長的船。可是這一次，卻偏偏有不信邪的海盜，要看看這個著名的伽羅到底有多厲害，這個海盜頭目叫馬可。當伽羅的商船進入到攻擊範圍時，馬可迅速出擊，這次襲擊很迅猛，準備也很充足，伽羅的商船遭到重創，但是伽羅和船員們依然和海盜展開了殊死搏鬥，在搏鬥時，伽羅的船和海盜的船兩敗俱傷，都相繼沉沒了。只有伽羅和幸存的 4 名船員以及海盜頭目馬可和兩名海盜逃上了一艘小船，此時都筋疲力盡的雙方放棄了廝殺。

在慌忙逃命的過程中，他們失掉了武器，只搶救到一小壺救命水。伽羅船長是唯一還有武器的人，他時刻拿槍守護着這壺水。無論誰要喝水都需要伽羅船長的同意。他們在海上漂了三天，可壺裡的水還幾乎是滿的，因為又渴又餓，每人都盯着這壺水，尤其是三個海盜，可是每當他們要來搶水壺，面對的都是伽羅的槍和他忠誠的船員。

又過了兩天，還是沒有任何被救援的希望。可是，船上飢渴的人們，已經紅了眼睛。馬可數次近乎瘋狂地要搶走水壺，伽羅的船員也不再忠誠，現在他們要的只是水。五天的飢渴讓本就受了傷的伽羅沒有力氣再來守護這壺水了。在行將不支之時，他做出了一個選擇，把槍和水壺都交給了海盜頭目馬可，並對他說："你是一個很有勇氣、也很有正義感的人，在你的心裡是有對他人的愛的。現在我將這壺水交給你，我相信你能夠守護好這壺生命之水，也一定能帶領大家生存下來。"說完,伽羅便去世了。

馬可接過伽羅的使命,他沒有任何猶豫,就做出了與伽羅船長相同的行為,誓死守護這壺水。又過了十幾天,當他們被一艘路過的船搭救時,救他們的人驚訝地看到每個人的嘴唇都乾裂出了口子,但是壺裡的水還剩下三分之一。

馬可很出色地完成了伽羅交給他的任務,伽羅的肯定是主要因素。他的一句肯定把一個窮兇極惡的海盜變成了一個極度誠信的人。

我們總是在試圖改變他人的想法,讓他人覺得我們的想法是對的,如果得不到我們想要的答案,就會與他人發生矛盾和爭執。之所以會這樣,是因為我們沒有想到別人的感受,讓他人接受你的觀點,就等於否定了他人的想法,這對他人來說是一件很難從心理上接受的事情。誰都認為自己的想法對,誰都希望被別人肯定和讚揚。所以當你試圖要改變他人想法時,要先去肯定和讚揚別人,不要去否定別人。

肯定、讚揚是改變一個人想法的最好方法,讚揚可以改變一個人原有的行為方式,可以轉變一個人的思維方法,可以激發出一個人善良的本性,要想得到別人的肯定和支持,就要先去肯定別人。"將欲取之,必先予之",千萬不要吝嗇對別人的讚揚。

8 第 8 話

辦公室多運用情商策略

測　試　屬於你的 EQ 報告

　　高情商者是能夠清醒地把握自己的情感，敏銳感受並有效反饋他人情緒變化的人。情商的高低決定了我們是否能充分而又完善地發揮自身所擁有的各種能力。情商的作用就是使人能更充分地發揮智商的作用。

　　情商的高低也可以像測試智商高低那樣用測驗分數較準確地表示出來，通常是根據個人的綜合表現進行判斷，或者在綜合測試中加入若干情商因素的考量。通常，在大型企業的面試中，都會測試情商。通過一個測試，我們也能擁有一份屬於自己的情商報告。

題目：（回答一個 A 得 6 分，回答一個 B 得 3 分，回答一個 C 得 0 分）

1　你有能力克服一切困難嗎？

　　A 是的

　　B 不一定

　　C 不是的

2　到了一個新的環境，你會把一切都安排好嗎？

　　A 當然能

　　B 和從前一樣就行了

　　C 還不如從前

3　對於自己設定的目標，你覺得自己有能力來實現嗎？

A 會的

B 不一定能實現

C 那就是激勵自己的方法

4　你覺得有些人總是在刻意迴避或冷淡你嗎？

A 不是的

B 不一定

C 是的

5　在大街上，你常常會避開你不願打招呼的人嗎？

A 從來沒有過

B 偶爾會有

C 一般都是這樣的

6　在你工作時，旁邊有人在高談闊論，你還會繼續專心工作嗎？

A 我仍能專心工作

B 只有在談論到我感興趣的問題時，我才會受到影響

C 我不能專心且感到憤怒

7　到任何陌生的地方，你都不會迷路嗎？

A 是的

B 太複雜的會迷路

C 迷路是常事

8　你認為自己是幹一行愛一行的人嗎？

　　A 是的

　　B 不一定

　　C 不是的

9　天氣變化能影響到你的情緒嗎？

　　A 根本不留心甚麼天氣變化

　　B 只會對其中一種天氣感到不適

　　C 天氣變化和我的心情好壞息息相關

10　聽到有關於你的流言蜚語時，你的表現會是怎樣的？

　　A 毫不介意

　　B 有時還是會感到心煩

　　C 感到惶惶不可終日

11　你善於控制自己的表情嗎？

　　A 是的

　　B 看情況而定

　　C 不是的

12　你的入睡狀態是甚麼樣的？

　　A 極易入睡

　　B 會想些事情，慢慢睡着

　　C 不易入睡

13　遭到別人騷擾時，你的表現是甚麼樣的？

A 不動聲色

B 對於嚴重的情況還是要反抗一下的，不嚴重的就不作聲了

C 大聲抗議，以泄己憤

14　在和人爭辯後，你會感到精疲力竭，而不能繼續安心工作嗎？

A 馬上就能進入新的工作中

B 努力着能安心下來

C 根本無法安心了

15　你常常會被一些無謂的小事困擾嗎？

A 不是的

B 根據心情，心情好時無所謂，心情不好時，會很煩的

C 是的

16　選擇居住地時，你願意住在僻靜的郊區還是繁華而嘈雜的市區？

A 當然是市區

B 在市區和郊區中間的地方

C 還是安靜的郊區好些

17　你有過被朋友、同事起過綽號的經歷嗎？

A 從來沒有

B 偶爾有過

C 這是常有的事

18　有沒有哪種食物讓你吃後就會嘔吐的？

A 沒有

B 記不清，好像是有

C 有

19　除去看見的世界外，你的心中有沒有另外一個自己勾畫出的世界？

A 沒有

B 以前有過，很模糊了

C 有個另外的世界

20　你是否總在想，若干年後會有甚麼事能使你極為不安？

A 從來沒有想過

B 偶爾想到過

C 經常會想

21　你是否常常覺得你的家庭不好，但是你又確切地知道他們其實對你很好？

A 不是，家庭永遠都是好的

B 說不清楚

C 是

22　你是否每天一回到家就會馬上把門關上？

A 不是的

B 偶爾是

C 回家當然要馬上關門

23　如果是你自己待在小房間裡，是不是會覺得心裡很不安呢？

A 不是

B 偶爾是

C 常常有這樣的感覺

24　當有件事需要你來做決定時，你會覺得很難嗎？

A 不是難事

B 偶爾覺得挺難的

C 做決定本來就是件很難的事情啊

25　你是否會常常做些占卜的事情，比如拋硬幣、翻紙牌、抽籤等？

A 沒有過，求神問卜，不如自己做主

B 平時沒有，心裡覺得掙扎時，還是會的

C 常常會算算，因為總會心裡沒底

26　為了工作你常常早出晚歸，是否會因此在每天早晨起床時感到疲憊不堪？

A 從不知道甚麼是疲憊，每天都會精神百倍地奮鬥

B 有時會覺得疲憊

C 總是感覺很累啊，不想起來

27 在某些時候，你是否會因為想某些事情，而把工作擱置下來呢？

A 不會

B 有時會的

C 因為現實不如意，所以總是會想些更好的

28 在工作中你是否願意挑戰艱巨的任務？

A 願意挑重擔，鍛煉自己

B 非必要時不會去挑重擔

C 甚麼時候都要躲避艱巨任務

29 你能認真聽取不同的意見，包括對自己的批評嗎？

A 別人的意見都會認真聽

B 有些刺耳的意見聽不進去

C 你對不同意見的態度通常都是迴避

30 會時常勉勵自己，要對未來充滿希望嗎？

A 經常會

B 偶爾會

C 一般不會

結果分析

得分在 90 分以下，說明你的 EQ 較低。你常常會控制不住自己，很容易就被自己的情緒控制了。你常常會因為一些瑣事就被激怒，發脾氣對你來說很常見。你常常會因為要解釋某件事，而做出一些極端的行為，這是非常危險的信號，你的事業和前途可能會因為你的這種性格而毀掉。最好的解決方式就是，要努力讓自己保持清醒的頭腦，冷靜的思維，任何時候都要讓自己心情開朗，凡事先想後做。控制自己對你來說會很困難，但是為了自己的將來着想，還是要努力改進的。

得分在 90～120 分之間，說明你的 EQ 一般。很多時候，你處理事情的表現可能不一樣，這與你當時的心情，以及具體事態有關。你比前者更具有 EQ 意識，但是遺憾的是，這種意識不是常常都有。因此，在以後的工作中，你要注意多保持良好心態，時時提醒自己要冷靜處世。

得分在 130～150 之間，說明你的 EQ 很高。你是一個凡事都能處理好的人，正因為這樣，你會是個快樂的人。在工作中，你熱情投入、勇於承擔。同時，你也是一個有正義感和同情心的人。對於你的這些優點，你要努力保持。

　　得分在 150 分以上，說明你是個 EQ 頂級高手。你的情緒不但不會是你事業的阻礙，反而是你事業有成的一個重要條件。你可以做到"知者不惑，仁者不憂，勇者不懼"。

情商決定職場前途

　　情商就是人們通常說的 EQ，又稱情緒智力，主要是指人在情緒、情感、意志、耐受挫折等方面的品質。美國心理學家認為，情商包括以下幾個方面的內容：一是要想正確認識自身的情緒，只有先認識自己，才能成為自己生活的主宰；二是能做到妥善管理自己的情緒，才能更好地調控自己；三是學會自我激勵，這樣能夠使人走出生命中的低潮；四是能夠清醒地認知他人的情緒，這是與他人正常交往，實現順利溝通的基礎；五是人際關係的管理，即能正確釐清領導與被領導間的關係。

　　情商在實現人生價值的過程中，體現的能量是無限的，情商會伴隨人的一生。要想擁有高情商，重視智力的實踐性和智力運用的現實情景性是很重要的，前提是要重視社會文化因素對智力的制約作用。在強調社會智力時，情感智商理念認為智力不是單一和一成不變的，智力是多元的、全方位的。能洞察、辨析他人的情緒、氣質、動機以及慾望等，能對此做出適當反應，了解自我內在的情緒，有能力辨析這些感受，並以此引導自己的行為，被認為是情感智商的核心。同時社會的發展、科技的進步更加需要人們的合作，需要集體智力的發揮。在這種情況下，情商更加重要。

　　高情商是要通過後天培養與鍛煉的，**它需要我們去努力接受自己厭惡的事情，去勇敢面對人生中的挫折**，這樣可以獲得迅速的成長。心理學家認為，情商水平高的人具有如下特點：社交能力強、外向而愉快、不易陷入恐懼或傷感、對事業較投入、為人正直、富有同情心、情感生活較豐富但不逾矩，無論是獨處還是與許多人在一起時都能怡然自得。

　　情商不只是顯示出理性的智能，也顯示出來自人心的智慧。高情商會讓我們懂得認同，珍惜我們和他人的感受，可以成為有效應用信息和控制情緒的力量。

自信與自卑的平衡

　　英國歷史上最受人尊敬的首相是邱吉爾，他的演講曾激勵起全體國民反抗德國法西斯的信心，聽着邱吉爾的演講，你很難相信他曾經是個嚴重口吃的人。

　　小時候的邱吉爾因為口吃而極度自卑，無論在學校還是家裡，他都不說話，自己一個人躲在角落裡。但是，父愛如山，邱吉爾的父親沒有因為兒子是個口吃而嫌棄他，父親告訴邱吉爾：「你是個聰明的孩子，有很多令人羨慕的想法，你要把你的想法都說出來，我保證，所有人都會喜歡你的。」小邱吉爾就這樣開始了他征服人生的路程，經過艱苦的努力，他戰勝口吃，並且，正像他的父親說的那樣，他的想法都很受他人歡迎，一直到他成為首相，他的想法受到全國人民的歡迎。

　　邱吉爾通過自己的努力，把本來讓他自卑的事情——說話，變成了一生都讓他感到自信的事情。

　　自信與自卑是兩種不可避免的狀態，自卑的人通常會自信心低下，會將自信解釋成自欺欺人。而自信的人卻會在某些時候、某些事情上產生自卑的心理，雖然有時很短暫。在自卑和自信兩種狀態的博弈中，通常自卑更容易佔據上風。但自卑帶給我們的只有自我否定，自我打擊，沒有任何好處；自信帶給我們的卻是積極的心態，奮鬥的勇氣。人們常說："有信心不一定會贏，但是沒信心卻一定會輸"，**在職場上，相對於自卑者，自信的人會容易贏得信任。**畢竟沒有人願意將自己的事情交給一個整天唯唯諾諾低頭生活的人，所以，我們要學會做一個有信心的成功者，而不是自卑的失敗者。

自卑者通常是因為兩個因素導致的：第一，確實是弱者，這些人清楚地知道自己的弱，會自嘲為有 "自知之明者"；第二，知道自己有哪方面的天賦和特長，但是卻不敢相信，或是聽從於其他人的分析而自我否定了，會自解為 "識時務者"。自信一般有兩種人，無所不知者和一無所知者。而後者多半是一些淺薄的傢伙，他們雖不低能但也絕非大材，由於目標過低，所以他們自視清高，露出一副躊躇滿志的嘴臉。

不可否認，在生活中自信有着積極的作用，是一個人在處世和做事時必須具備的，否則絕無奮鬥的勇氣和成功的希望。但是，倘若一個人從來不曾自卑過，那他的奮鬥是比較平庸的，成功也是比較渺小的。"塞翁失馬，焉知非福"，有些時候一些失敗會讓我們從中得到、學到更多，會在將來帶給我們更多的驚喜。事實上，許多偉大的人並非都是天生的自信者，相反他們人生開始的階段都曾有過自卑的時候。但是他們知道自己的弱點，沒有被這個弱點打敗，而是想辦法努力戰勝。他們的人生沒有毀於弱點，相反，還迸發出了超強的能量，成就了令一般人吃驚的業績。

人人都有自己的缺點和優點，有自己的劣勢和優勢。關鍵是揚長避短。想清楚自己的缺點和優點，克服自己能克服的缺點，學習自己可以學到的任何優點；想清楚自己的劣勢和優勢，發揮自己的優勢。競爭中，若揚長避短，則自信漸長；若以弱抗強，則自信頓亡。

每個人都應該讓自信和自卑達成平衡，自信的時候，可以從容面對外界的任何困難，真切地感受到自我價值的光芒；自卑的時候，也能客觀地認識到自己的不足，找到自己的提升空間，更好體會到別人的感受。要做到，自信得很自然，自卑得很坦然，接受不能接受的，讓心靈更有彈性，生命更有韌性。

運用 "減輕罪感" 和 "認知失調" 原則

2010 年南非世界盃決賽，由施丹領軍的法國隊在和意大利隊的比賽中佔據上風。到了加時賽，法國隊踢得如行雲流水，意大利隊毫無還手之力，號稱混凝土防線的後防線頓時岌岌可危，要是比賽再這麼繼續下去，意大利隊失球將不可避免，若此時丟球，意大利將會萬劫不復。而就在這時，驚人的一幕出現了，法國隊的靈魂施丹一頭撞向意大利後衛馬特拉斯的胸口，馬特拉斯應聲倒地，主裁和邊裁商量後，將施丹紅牌罰下。後來的比賽，失去靈魂的法國隊頓顯頹勢，意大利隊憑人數優勢轉守為攻，並在點球大戰中戰勝了法國隊，捧得大力神盃。

當時，究竟發生了甚麼才導致施丹情緒失控呢？後來施丹解釋說，是馬特拉斯說了些不該說的話，侮辱了他的家人。對此，馬特拉斯沒做否認，但是後來他向施丹表示了歉意。誠然，馬特拉斯的做法不太光彩，但是對於一名球員來說，世界盃是至高無上的榮譽，他不能坐視自己的球隊被動捱打，在別的球員尋求用努力來改變被動形勢時，馬特拉斯另闢蹊徑，用了一個最直接的辦法，使自己的球隊轉敗為勝。但是，這種做法讓馬特拉齊心裡難免會有負罪感，因此，他選擇向施丹道歉，來減輕自己的負罪感。

當正在做的一件事令我們產生了負罪感怎麼辦？當做的事情和我們先前的社會認知產生了矛盾怎麼辦？是停手不做，還是不管一切繼續做下去？**在關鍵時候，我們總會面臨選擇，但我們並非都可以按照以往的行為方式來做出選擇。**"罪感"就是"負罪感"。人們常常會因為某些原因做了本不想做的事，可能是迫不得已，也可能是一時無意間的行為，這些行為可能會給自己帶來一定的好處，卻給他人帶來了傷害，從而在心裡會造成一定的陰影，這個久久不能消除的陰影就稱之為負罪感。為了排遣這種負罪感，從心裡或者事情本身上尋找理由，我們稱之為"減輕罪感"。

"認知失調"又稱作認知不和諧，是指一個人的行為與自己先前一貫的對自我的認知和對人生觀的認知（而且通常是正面的、積極的自我）產生了分歧，從一個認知變成了另一個對立的認知時而產生的不舒適感、不愉快的情緒。通常人們的態度與行為是一致的，如你和你喜歡的人一起郊遊，而不理睬與你有過節的另一個人。但有時候態度與行為也會出現不一致，如家裡來了客人，儘管你很希望客人能快些離開，但是客人卻並不主動走，為了照顧客人的面子，你也只好耐心相陪。在態度與行為產生不一致的時候，常常會引起個體的心理緊張。這時，要調整好自己的心態，一方面多考慮大局，接受一些原本排斥的，堅持一些必須要堅持的，盡可能減少因認知失調帶來的緊張情緒。

正所謂"膽欲大而心愈細，智欲圓而行欲方"。面臨選擇時，要克服認知失調，把利益最大化，同時也要通過減少對他人的傷害來減輕自己的負罪感。

借力傳播你的聲響

酒香也怕巷子深，現在是一個需要自賣自誇的時代，不會自我傳播就很少有人知道你的名字，了解你的能力和價值，你就會缺少別人的認可和欣賞，實現自身價值的機會就會減少。如果你具有自我宣傳的意識，並且掌握了宣傳自己的技巧和渠道，那麼宣傳就是帶你走向成功的一輛快車。同時，宣傳自己還能獲取別人的認可和尊重，也是對自己辛苦奮鬥的一種激勵。

但是，傳播是把"雙刃劍"，如果運用得不好，就會對自己的名譽造成不好的影響。俗話說"好事不出門，壞事傳千里"，人們最喜歡的是世事的飛短流長，對好事容易緘默不語，對壞事卻難以掩飾張口的衝動。所以，傳播自我需要認清傳播的渠道，不能時時刻刻無處不在地個人傳播；也不能不分對象，盲目地向對方宣傳自己，這都會讓人感到不舒服和反感。急功近利是難以令人接受的，只會取得負面影響，因此，個人傳播的渠道是要有所取捨的，而不能盲目。

懂得自己宣傳自己的人無疑是聰明的，但是，如果知道怎樣藉助別人來宣傳自己，那就是高明之舉了。如何能讓別人真心地從正面宣傳你呢？來自第三方的誇獎永遠勝於自己自吹自擂的效果。你的第三方可以是你的客戶、一些傳播媒介，還可以是朋友同事等。

通過客戶來傳播自己

公司的生存離不開客戶，客戶是公司的上帝，也是你的上帝。要把客戶當作工作中的財富，用誠心和熱情來打動客戶，客戶就像你的一面鏡子，你微笑了就會收穫微笑。專業差點兒可以投入熱情，缺少經驗就報以辛勤，不善言談就要付諸行動，總之，你必須讓客戶感到滿意。客戶的滿意是對你最好的傳播，客戶的滿意會直接傳遞到你上司的耳中，這也是你獲得成功的關鍵。

通過媒介來傳播自己

不要以為只有產品才做廣告，別忘了你也是一個產品，為了自己的發展有時也需要做廣告。在工作閒暇之餘，如果有額外的特長，比如，畫畫、寫作、娛樂才藝，都可以盡情地發揮出來，這是傳播自己的絕佳手段。現在有很多選秀節目，參與的人形形色色，有的是在校大學生，有的是公務員，還有的只是辛苦打工的人，他們通過選秀來展示自己，有很多都為自己贏得了另一種出路，改變了人生。

有意藉助別人的口碑來傳播自己

人言沒有腿，卻能以極快的速度傳播出去，這叫作 "不脛而走"。這麼快捷的傳播通道，應該善加利用。古時的一些名人高士就是通過周圍人的口碑來傳播自己的，周文王訪姜尚、劉備三顧茅廬等歷史典故，無不體現出借別人之口傳播自己的妙處。

我們生在一個信息過剩的時代，每一個平台都會有人捷足先登，要想盡快展現出自己，就要先學會自我傳播，為自己創造一個可以捷足先登的平台。

Step 3

做好呢份工

- 好好表現自己
- 適當超越你的本職工作
- 做一個會講話的人
- 掌握辦公室說話的方法

努力做好自己該做的，別人視而不見，因為那只是你的份內之事；做了額外的事，別人會認為你是多管閒事，搶了別人的功勞，受累不討好。工作做了很多，完成得也都很出色，卻不被別人認同，相反還會被人誤解。

為甚麼會這樣呢？

好好表現自己

測　試　發現自己的與眾不同之處

　　每個人都有自己與別人不相同的地方，正如世界上沒有哪兩片葉子是相同的一樣，我們都要發現自己的與眾不同之處，然後善加利用，只有開發出了自己的特性，才能在和別人的競爭中佔據有利位置。下面這個測試就會讓你發現自己的與眾不同之處。

題目：網絡中很多網站的主頁都會有頭像設置這一項，是讓用戶選用一張圖片作為自己的頭像，這個頭像的設置往往能透露出一個人的個性，看對方選用哪種類型的圖片，便可以知道他們的個性。那麼你會在主頁頭像中選用哪類的圖片？

A　用自己或者家人照片做頭像

B　卡通圖片做頭像

C　用寵物圖片做頭像

D　俊男美女、大明星圖片做頭像

E　風景、建築圖片做頭像

F　恐怖電影的圖像或恐怖圖片做頭像

G　搞笑整人圖片做頭像

H　政治偉人或歷史名人圖片做頭像

I　武器、黑暗或代表財富的圖片做頭像

結果分析

　　選擇 A：這樣的人通常有以自我為中心的傾向。不會輕易被別人左右。具有較強的自我意識，為人較固執。能夠堅持自己的看法，是你最大的長處，可以和別人多些交流，從內心裡去接受一些別人的想法，不要總是堅持自己的想法。

　　選擇 B：這樣的人比較懷舊，拒絕成長，容易被外界事物左右，思想比較理想化。但是此類人的創造意識很強。創造性強，思維不僵化是你最大長處，不過創造性也要與時俱進，不能只停留在過去的思維裡，那樣會讓你的創造性減弱。

　　選擇 C：這樣的人也具有較強的自我意識，容易和其他人產生矛盾。自信心強大是你最大的特點，但是，不要因為自己很有信心就排斥他人，拒絕別人給予的建議。

　　選擇 D：這樣的人一般心理年齡偏小，雖然為人熱情，但是缺乏理智，情緒容易大起大落。對人真誠、熱情是你的長處，你比別人多一份愛心，也會比別人多一份關愛的收穫。但是，要提高自己的心理年齡，讓自己盡快成熟起來。

　　選擇 E：這樣的人為人成熟，人緣很好，有較強處理問題的能力。上述說的就是你的長處，這些長處會讓你在工作中如魚得水，要是再能多些創造性思維，把自己的目標設定遠大一些，對你以後的發展會更有好處。

選擇 F：這樣的人內心有恐懼和不安全感，為人容易悲觀，知心朋友極少甚至沒有。情緒起落很大，十分敏感。善於察言觀色是你的最大特點。你需要讓自己的內心強大起來，擺脫悲觀情緒，走出心靈的禁錮，交些朋友。快樂健康的情緒會給你的生活帶來巨大的推動力。

選擇 G：這樣的人為人滑頭，做事出人意料，缺乏責任感，做事情隨心所欲，沒有明確觀點和目標，是十足的樂天派！天生樂觀的性格是你最大的特點，任何事情都不會羈絆住你的快樂心靈。但是，要注意，生活和工作中很多時候還是要嚴謹，要有責任心的。做事情時，給自己定個規劃，明確一個目標，把一些用於搞怪的心思多放在工作中，這樣你的工作成績會有很大的提高。

選擇 H：這樣的人墨守成規，做事情中規中矩，不喜歡冒險，思維非常嚴緊，比較理性，思想成熟，不容易被其他人左右。思維嚴謹、理性，能夠堅持己見是你最大的特點。但是，不要太過於循規蹈矩，要多些開放的思想，要培養自己勇於冒險的精神。你做到了"成功細中取"，但是還要有"富貴險中求"的勇氣。

選擇 I：內心很大氣，目標設定的很高，而且不會輕易動

搖，會堅持到底，為達目標有時會不擇手段。有高遠理想，並
勇於實施，是你最大的特點，相信目標定的越高，以後的成就
就會越大。但是，人生還是要腳踏實地，不要過分好高騖遠，
做好當下，力爭未來才是最根本的。

　　通過上述九種人不同特點的分析，可以看出，人性有種
種不同，不能一成不變地看待別人，也不能一成不變地看待自
己。要學會看人、識人、知人，但更主要的是要學會看清自
己，了解自己，認識自己。

創建你的個人品牌

管理學家指出：21 世紀的職場生存法則就是建立個人品牌。不只是企業、產品需要建立品牌，個人也需要建立個人品牌。

成功的個人品牌有三個基本特徵：一是獨特性，具有自己的觀點；二是相關性，能夠與他人認為重要的東西聯繫起來；三是一致性，和人們所觀察到的行為具有某種一致性。下面是幾個名人與個人品牌的小故事：

"偏執狂"

英特爾前 CEO 葛洛夫有句名言："只有偏執狂才能生存"，"偏執狂"不僅成為英特爾的公司文化，奠定了英特爾在微處理器領域無可爭議的地位，"偏執狂"後來更成為葛洛夫在業界的代名詞。

外表包裝

企業家潘石屹整天就是那身裝束，一副黑眼鏡，小平頭似乎一直沒有長長過，這種有個性的打扮，長期有效的重複刺激人們的感官，讓人們能夠清晰記得他。

個人品味

香港富華國際集團董事長陳麗華女士喜歡紫檀到了癡迷的程度，甚至個人斥資 2 億元建造了一座私立博物館 —— 中國紫檀博物館，這裡收藏了 300 餘件明清傢具，還有 2000 餘件珍稀紫檀精品。海內外無數社會名流、商賈巨子在參觀時，都驚訝讚歎，情願出高價購買，正是這種不俗的品位極大地提升了她在企業家中的形象。

　　現在社會的選擇是多樣的，在這個競爭近乎殘酷的時代，在公司裡要想讓別人認識你、接受你，你就要充分展現自己的能力，盡快建立起自己的品牌，從而成為能讓老闆和同事記住的人。只要一說到你，能讓人立刻想到你許多與眾不同的優點，比如你的業務能力優秀、為人親和力強等。在職場有了屬於自己的個人品牌，就會有更多的機會向上發展。

　　個人品牌的建立要分四個方面考慮：一是定位準確。許多人一生只知道埋頭 "拉車"，卻不知道要抬頭看 "路"。**職場上最重要的是要有清晰的自我認知**，包括：想成為甚麼類型的職員？個人特長在哪兒？自身個性適應從事甚麼樣的工作？現在的工作會有價值嗎？不同的人會有不同的職場定位，找出自己在職場存在的獨特價值是個人品牌定位的關鍵。二是迅速轉變。當你制定好了人生規劃，找到了人生的方向，就不能再拖拉，馬上開始行動。三是習慣要好。想法決定行為，行為決定習慣，習慣決定結果！四是宣傳要早、要到位。懂得宣傳自己，充分展現自己的能力，能夠讓別人更加了解你，就會得到更多的機會。只有將能力展現出來才叫能力，只有懂得宣傳自己，打造個人品牌，才是智者所為。

　　"個人品牌" 體現的是一個人在別人心目中的價值、能力和作用，影響着別人對你的看法。建立個人品牌是一個長期的過程，需要有很強的自我學習能力。要不斷學習新知識、補充新內容，不斷學習對自己職業有用的東西。個人品牌形成後，就具有了一定的品牌價值，個人發展的機會就會增加，個人的自身價值也隨之提高。

善於運用個人品牌

《水滸》中的宋江手無縛雞之力，卻坐上了水泊梁山的頭把交椅，可以統率千軍萬馬；智慧遠不及"智多星"吳用，卻名揚四海，人緣極佳；帶領梁山走向覆滅，卻依然有人對他心存感激……之所以有這般影響力，宋江靠的就是他的個人品牌。

最初宋江沒有多少人脈關係，這是許多沒成功人的共性。但是他比同在衙門當差的雷橫和朱仝高明的地方在於，他不是想着花天酒地，而是選擇去結交江湖人士。他給自己的定位很準確，當時他沒錢、沒關係、沒地位，所以先做官後成名的辦法行不通，那麼就只能先成名後當官吧。要想成名，他手裡的牌只有兩張，一張是孝，一張是義。定好目標才能順利前行，從此他在江湖人心中，去打造自己孝和義的品牌。宋江成功了，看他的綽號就能知道，"及時雨"和"孝義黑三郎"，這是世間人對他的評價和肯定。同時義和孝又是江湖好漢最看重的兩樣東西，而宋江恰恰懂得整合這些名望資源。宋江用一切資源打造自己品牌的美譽度，所以好名聲更像是一個綜合體，是幾方面的好名聲疊加在一起，形成的一個好名聲的"品牌"，宋江深諳此道。

想當年他還只是一小小押司的時候，提起"及時雨"宋公明，江湖豪傑人盡皆知。也正是因為有強大的影響力，他在江州問斬時，許多英雄才自發前去劫法場。這就是影響力的威力，影響力是不同於權力的一種控制力。權力可以控制人的行動，而影響力卻能控制人的思想，宋江就是在用這種別人潛意識裡對他的崇拜，來改變他人行為的。以後的事情，就水到渠成了，晁蓋一死，吳用、林沖等人便不管甚麼遺囑不遺囑了，全部擁護宋江上位。他們的理由只有一條，"四海之內，皆聞哥哥大名"。是啊，這些綠林好漢最看重的不就是名聲嗎？

宋江剛坐上頭把交椅時，做的第一件事就是要"師出有名"，於是他巧妙地通過一首童謠來申明了自己作為首領的"天然資源"——"耗國因家木，刀兵點水工。縱橫三十六，播亂在山東。"此詩所應的就是宋江，這便是天然合法性。再加上後來的九天玄女授兵書、梁山石碣排座次這些把戲，就更加強化了宋江做老大是上天賦予的。

中國古代的起義者，從"陳勝王"到"蒼天已死，黃天當立"，再到"莫道石人一隻眼，此物一出天下反"，都是同一理。所謂戰略，目的就是爭取自己的主動權，曹操挾天子以令諸侯是這個道理，劉備用漢室宗親身份來"興復漢室"也是這個道理，目的只有一個，那就是讓自己的所有行為都天經地義。

建立個人品牌，要利用自己的強項。每個人都有自己獨特的能力，把自己獨特的能力開發出來，是最容易建立個人品牌的方法。比如上面故事中講到的宋江，八百里水泊梁山，一百單八位英雄好漢。論武藝，他比不上林沖、武松等人。論文采，他比不上會寫宋代四大家字體的"聖手書生"蕭讓。論計謀，他也比不上"智多星"吳用。論名正言順他更是不如"玉麒麟"盧俊義，因為盧俊義有"遺命"，是上一任"老大"晁蓋選的接班人。按理說頭把交椅無論如何也輪不到宋江。但為甚麼梁山上的眾英雄卻就服他一個，對他言聽計從，就算是後來對宋江的招安政策心存不滿，也沒有棄他而去，還依然跟着他南征北伐、出生入死，直至落得幾乎傷亡殆盡，也沒有人對他心懷怨恨？原因就是，宋江是一個在做人、做事方面都很成功的人，善於開發自己的潛力，塑造出屬於自己的形象品牌，將個人品牌效應發揮到了極致，也利用個人品牌外加權術為自己贏得了一片天空。

要引起別人的注意及肯定，最好的方式是通過你的表現！**表現是你的"最佳履歷表"**！如果你讓所有接觸過你的人都佩服你、肯定你，機會自然會一一湧現！但是，要想把這份"履歷"做好，就要注意十個方面的內容：

一、只比較能力和業績，不比較工資多少。工資多少是和工作能力和業績成正比的，作為員工，應該明白，當你對公司絕對忠誠，並不斷提高自身的業務能力後，公司一定會回報以相應的報酬，另外還會獲得比薪水報酬更加寶貴的知識和經驗。

二、記住：成長的機會比眼前的工資重要。人生的意義在於為社會創造價值，並且實現自身的理想。只有把握住了成長的機會，才有機會掌握更高的技能，才可以創造更大的社會價值。

三、熱愛你所做的工作。每一次工作都是一次機遇，熱愛你的工作就是熱愛每一份來之不易的機會，這是忠誠的一個平面，不只是忠誠於所就職的企業，也是對自己人生的忠誠。熱愛企業給予的任何一次機會，忠於企業的慷慨，忠於自己的選擇。

四、做好每一件事情。我們的工作業績、工作經驗都是由每一件工作積累起來的，只有認認真真地完成每一件工作，才能獲得相應的知識以及認識上的成長，我們的工作效率才會因為經驗和能力的上升而更好更快。

五、每天都向成功靠近。每天提高一點，匯小流以成江河，積跬步以至千里，通過不斷地提高自己、訓練自己，才能與時俱進，為企業的成長振興，為自己的能力提升，提供有力的智力支持。

六、自覺地工作。機會只會降臨到有準備的人身上，沒有準備的人，即使機會來了，也抓不住。自覺地工作可以提高自己的自制能力，可以尋找到更多自身發展的機會。不要被自身暫時的地位所束縛，即便只是基層員工，也可以為企業的發展出謀劃策，為企業的問題提出解決方案，這樣才能得到常人無法得到的機遇。

七、熱愛你的公司。熱愛公司就是熱愛自己，公司給你提供機會，讓你有展示自己的空間，你也要做到對公司忠誠，雙方在事業上是相輔相成的，是一榮俱榮、一損俱損的。

八、把每個人視為潛在客戶。不要認為，只有和你談生意的人才是你的客戶，其實，你身邊的人都有可能成為你的客戶，比如，你的朋友、你的親戚、你的同事，甚至是你現在的敵人。人都是會變的，我們要抓住提前投資的機會，以對待客戶一樣的優質服務對待每一個人，這樣，能使自己在工作中得到更大的發展，為自己的長遠發展增加資本。同時，這樣做也是忠於自己的工作，忠於公司的一種表現。

九、掌握工作中的"絕招"。說白了就是掌握一些訣竅，任何一個崗位，任何一種工作，都會有一些秘密的訣竅在等待我們去挖掘。要去捉摸這些技巧，掌握這些高級的技術以提高自己的業務技能。其實，這些技能，只有付出更多的勤奮、更多的敬業、更多的忠誠才能有機會去獲取。

十、永遠充滿自信。要以勤奮、敬業、忠誠作為橋樑，以不斷提高的智商和不斷提升的工作能力為手段，去成就偉大的事業和輝煌的人生。

10 第 10 話

適當超越你的本職工作

測　試　　　　　　　工作動機溫度計

　　工作動機是我們在工作中必不可少的因素。好的動機可以讓人充滿動力，工作也會走上良性軌道。而不好的動機，就會讓人感覺工作是艱難的，會把原本很簡單的事情弄的很複雜。有甚麼樣的工作動機就會有甚麼樣的工作業績。下面通過一個測試來了解下你究竟有甚麼樣的工作動機？

以下各題，可選答案分為五種：

A　完全不符合我

B　不太符合我

C　無法確定

D　基本符合我

E　完全符合我

1　盡可能有效地把時間都用在工作上。（ABCDE）

2　每天要做的事情太多了，總覺得時間不夠。（ABCDE）

3　經常利用零碎時間工作，例如在地鐵上看專業類的書。（ABCDE）

4　經常為了更好地完成工作而徹夜不眠。（ABCDE）

5　喜歡同一時間做兩件或兩件以上的工作。（ABCDE）

6　經常會自覺週末加班。（ABCDE）

7　你做了比別的同事多得多的工作。（ABCDE）

8　朋友說你是工作狂，工作起來不要命。（ABCDE）

9　總會有一些事務等着你去處理。（ABCDE）

10　如果不能專心工作就會讓你覺得很憂心，怕做不好工作。
（ABCDE）

11　經常會為自己安排一些超出能力範圍的工作。（ABCDE）

12　工作時，與工作無關的一切都拋在腦後，即使是重要的私
事。（ABCDE）

13　盡量做到不把工作帶回家。（ABCDE）

14　盡可能減少工作的時間。（ABCDE）

15　把工作交給別人時，總是擔心別人不能勝任。（ABCDE）

16　對你而言，工作只是賺錢而已，只是生活中的極小部分。
（ABCDE）

17　你經常覺得"多做無益"。（ABCDE）

18　如果條件允許，根本就不工作。（ABCDE）

19　按你的能力，職位可以更高的，但你不想捲入職位競爭
中。（ABCDE）

20　如果打打零工就可以糊口，是最好不過了。（ABCDE）

21　你喜歡休假的感覺，可以盡情享受，甚麼事也不做。

（ABCDE）

22　碰到好天氣，你會放下工作，到郊外去玩。（ABCDE）

23　相信"爬得越高，跌得越重"。（ABCDE）

24　相信錢是賺的，不是攢的，該花就花，沒了再說。
　　（ABCDE）

25　認為整天都埋頭工作的人令人乏味，不把工作看得太重要
　　的人大都比較有趣。（ABCDE）

測試標準：

1～12 題，選擇 A 不得分，選擇 B 得 1 分，選擇 C 得 2 分，選
擇 D 得 3 分，選擇 E 得 4 分；

13～25 題，選擇 A 得 4 分，選擇 B 得 3 分，選擇 C 得 2 分，選
擇 D 得 2 分，選擇 E 不得分。

然後將各題所得的分數相加。

結果分析

　　總得分為 0～30 分。這種人很希望自己能成功，但卻不
想付出辛苦，努力工作，覺得賭運氣是最好的選擇。如果想成
功，就要克服這種缺乏工作動機的毛病，否則成功的機會微乎
其微。有了好的工作動機，就會有工作積極性，要知道工作不

是為了別人，其實是為了自己。

總得分為 31～55 分。追求成功的動機稍高，想要成功，但是一想到成功要付出巨大的辛苦做代價就退縮了，很大程度上存在着坐享其成的想法。要盡快把成功的想法付諸行動，讓自己發奮起來，不然就只能在公司基層混日子了。

總得分為 56～70 分。是個實用主義者，有能力做好本職工作，但是卻不會為了成功進一步努力。很多時候是依據形勢來決定動機的強弱程度。這類人只有在壓力很大或者非常有成功誘惑時，才會通過努力獲得成功。本身就有能力，那就要去加倍努力，只有這樣才能走向成功。

總得分為 71～85 分。很會利用一些對自己有利的形勢，並鞭策自己去努力創造機會。有很強的事業心，並且清楚自己的方向，工作態度認真，會做長期計劃。自信和精力來自於不變的目標和動力。

總得分為 86～100 分。你幾乎已淪為"工作狂"。非常想獲得成功，但是成功卻不只是努力工作這一個因素構成的，還有其他很多方面，不要只顧着工作而忽略了其他。應注意處理好人際關係，成功將會更容易，否則會有成為孤家寡人的危險。

由測試可以看出，工作的動力會給人一生造成多大的影響！它是成功的砝碼，要想獲得成功，就必須在工作中有積極的明確的動機。

分清職責內外

　　做好本職工作是我們的本分，那麼我們是否也應該在做好本職工作的基礎上，做一些超越本職工作的事情呢？答案是肯定的。那麼我們要怎樣才能做好本職工作以外的工作呢？

　　首先要先排除兩種思想的干擾。一是做超越本職工作的事情，被認為是出格的，是有意為了抬高自己，貶低別人。有時你好心想幫助別人，或者想為對方多做些事情，卻被人誤解了，以為你是在故意炫耀自己的能力。二是不去做哪些事情，以免帶來麻煩。這是前一種想法的延伸，除了怕被對方誤解外，還怕萬一做不好，豈不是很糟糕，既失了面子，又失去了別人對自己的信任。這樣的顧慮是必要的，但卻不是可以阻止我們的理由。

　　超越本職工作的一些事情，**只要我們講求方法，把事情做好**，不僅可以讓我們得到鍛煉的機會，還可以在和別人的交流中得到更多的經驗，既能拉近人際關係，又能提升個人能力。

既要重視個人滿足感，也要重視工作效率

　　在工作中往往會有這樣的矛盾，想要提高工作效率，拚命工作，搞的自己身心俱疲，有時會有被掏空了的感覺。想要放鬆下來，讓自己歇一歇，滿足一下自己的精神需求，卻還是想着工作，負擔很大，不能好好地放鬆，就更談不上有個人滿足感了。要怎樣才能做到既滿足了一些自己的需求，又不耽誤工作的效率呢？這個

契合點在哪裡？

蘇格拉底說："滿足感是筆自然而然可以獲得的財富，奢侈則是人刻意創造的貧困。" 我們總會說："為甚麼我不能像別人那樣活着？為甚麼工作這麼累呢？把我安排到這個崗位根本沒有可以發揮的地方啊！" 這樣的心態會蒙蔽我們的眼睛和心靈，致使我們不能睜開眼睛看清楚自己，不能內心平靜地接受事物的本來面目，而是只憑藉主觀臆斷來看事情。所以，**在工作中要先學會接受，只有保持良好的心態**，才可以在工作中發現一些原本看不到的東西。

學會主動發現工作中有利於自己的方面，可以增強自己的工作動機。同時還要學會在工作中培養自己的興趣，不能根據自己的好惡來一言以斷之 —— 這樣的工作我不喜歡，那樣的事情不適合我做。人是有彈性的，可以根據現實的情況來逐步改善自己的原有觀點。比如，你知道自己是某一方面的人才，但是卻未必知道自己還有別的潛力。如果做了一份自己不喜歡的工作，不要輕易就下結論，要去努力試一試，盡心盡力地做好，說不定就會發現其實在這方面自己是很有天分的。

當然，不能因為過分地重視工作效率，而忽略了自身的一些感受，甚至犧牲了其他的興趣，讓生活變得死氣沉沉。"錢不是一天掙的，工作不是一天做的"，沒有生機的生活，會讓人感覺很疲憊，要學會勞逸結合，讓自己日常的生活豐富起來，只有身心愉悅，才能把最好的精力投入工作中。如果說 "會花錢不會掙錢" 是極度的失敗，那麼 "會掙錢不會花錢" 豈不是非常可憐？要學會讓自己放鬆下來，適當地停下腳步來讓自己享受一下獲得的成績，自身滿足感不斷地累積，可以讓人有更大的熱情去實現未來的理想。

對很多人來講，真正的滿足感並不是特別難以達到的。只需一點點的誠實和努力，就可以學會過充滿滿足感的生活，打開我們的眼睛，就會發現生活中任何的可能性。總之，要想使自己身心健康，就要保持一個樂觀的心態、積極的人生態度。

發揮數字與圖表的魔力

經常會聽到有人抱怨：每天都有做不完的工作，既忙碌又凌亂，累得暈頭轉向，卻還常常將一些重要的事遺忘，這樣又給自己增加了工作量，真不知道該怎麼辦才好？

其實，每天的工作都是很多小項目的集合，這些小項目在進行的過程中，很容易會因為彼此的交織而被漏掉。即便你做了很好的記錄，也有筆記，要點還是有可能漏掉。所以，要減少甚至避免工作中的差錯，最好每天制定一個表格，讓表格來幫助你。比如，在前一天晚上，把第二天要做的事列在表格裡邊。如果事務複雜，把要點記下來寫在表格裡，做好標注，再把事情寫清楚，放在不易丟失的地方，可以隨時翻看。

圖表不需要做得很複雜，也不要內容很多，要給人以直觀感，要讓信息一目瞭然地表達出來。因此，表格中的意思，能簡化最好簡化，最好學會用數字來表達，這樣既簡便又直觀。而且數字還有一個神奇的功能，它可以加深人的邏輯理解能力。你可以嘗試把你圖表中的數字摘出來，運用想像力，將它們連起來，到時，你會看到讓你無比驚訝的事情 —— 你認為一些很複雜的事情，其實在數字裡只是很簡單的加、減、乘、除的關係。還有，你想表達的意思有多種，那麼最好還是多畫幾張，以便清晰地說明每個問題。

製作圖表的好處主要有三點：

首先，圖表會讓我們隨時都目標明確。 成功是沿固定目標不斷前進的，目標的制定和執行對於一個人的成功非常重要。但是目標常常不是一下子就能制定好的，需要反覆的思考論證、取捨定奪，也會隨着時間的推移、認識的提高、情況的變化而不斷加以修改、補充、評估和驗證。這就需要有一個表格來隨時明確目標的指向。要區分眼前目標和長遠目標，把有助於達到中期和遠期目標的一些近期目標寫下來，這樣目標會更容易實現。如果在一週內每天花 20 分鐘列出你所有想達到的目標，一週後你會驚訝地發現，此時你的手頭上會有幾十個甚至上百個目標來等你去實現，如果不做好有效的規劃，你很可能會被這些目標壓垮。這就要求我們要寫出自己的願望，不能隨心而動，而是要把虛無的目標轉變為可以觸摸和實際的目標，從而避免浪費時間和漫無目的地瞎幹。

其次，圖表會為我們節省大量的時間。 我們可以在圖表中排定事情的優先次序，也可以在圖表中清楚地看到哪些事情該做，哪些事情不該做。在表格中排定優先次序就等於有了一份行動規劃書，可以幫助我們將最重要的事放在最優先的位置上。確定了事情的優先順序，也就會讓我們節約許多寶貴的時間。不要總是感歎時間不夠才導致你工作沒有做好、沒有做完。其實，每個人所擁有的時間都是相同的，唯一不同的是，成功人士不但善於合理利用時間，還會努力地去爭取時間。我們既不能將時間浪費在沒有用的事情上，更不能因為不合理的工作方法，而失去寶貴的時間！

　　最後，圖表還能調動我們的工作積極性。圖表可以使你的目標更清晰，當一天的工作結束時，檢視當天的圖表，當看到哪些工作還沒有完成時，你可能會生出立刻就要完成的衝動；當看到有的工作完成得很好時，會有很強烈的個人滿足感，這種滿足感會促使你進一步努力工作。工作是需要激情和熱情的，圖表會使你的積極性充分地發揮出來。很難想像，一個沒有激情和熱情的人能夠持之以恆地、高質量地完成自己的工作。

　　圖表真正珍貴的是它的內容。只要養成了習慣，你會發現，表格自己會說話。在一天的工作結束後，可以對比一下，甚麼事情是按預期想法那樣做到的，甚麼事情沒有達到預期效果。有時候，還可以把所感所想的內容記下來，這樣的記錄有助於深化你自己的思維，很有可能在今後的某一時刻用到它。最後就是在睡前抽出幾分鐘，對當天工作的內容和明天的計劃進行小結和回顧。這是此項高效工作方法的最重要的一步。

　　每天制定一個圖表對工作的幫助是巨大的，通過製作圖表，你可以找到通向成功的最近的路，從而少走一些彎路；你可以及時對自己的工作進行反思；還會幫你注意到可能發生的情況。這既是你對未來的預覽，也是你對現在的掌握。製作一張簡單的圖表並不需要多大的精力，但要持之以恆，心血來潮，隔三岔五地制定圖表，則不能給工作帶來明顯好處。

使用好 "觀眾效應"

1998 年的一場法甲的比賽讓人記憶猶新，馬賽隊主場對蒙彼利埃隊，上半場馬賽 4 球落後。眼看比賽失去懸念，主場球迷都默不作聲，有些甚至已經開始離場。幾萬人的看台上，只有兩千多客隊球迷的歌聲，他們在唱蒙彼利埃隊歌。而場上的球員也已是無心戀戰，踢得毫無章法。

可是到下半場時，看台的一角卻突然傳出了歌聲，是一些主隊球迷在很大聲地唱馬賽隊歌，顯然他們不希望看到自己球員的頹廢，輸也要輸的有骨氣。歌聲是有傳染力的，加入歌唱隊伍的主隊球迷在迅速增加，後來全場球迷的歌聲淹沒了幾千客隊球迷的歌聲。場上的馬賽隊球員，看到如此情景，好像都像換了靈魂一樣，變得精神百倍、拚勁十足。從第 67 分鐘開始，短短二十幾分鐘的時間，他們連進 5 球，最後 5 比 4 贏得了比賽，完成了不可思議的驚天大逆轉。

有心理學家曾做過這樣的實驗：把螞蟻分成單獨、成對、三隻、一群的不同數量，讓它們挖掘砂土，發現螞蟻挖掘砂土的效率有很大不同，三隻螞蟻一起挖掘砂土時，每一隻螞蟻的工作量是一隻螞蟻單獨工作時的三倍。對哈佛大學學生進行的追蹤研究也證明，在有觀眾在場的情況下，學生做乘法的用心度和運算速度都要強於沒有觀眾的時候。由此可見：個人單獨完成任務與觀眾在場時完成任務相比，在任務相同的前提下，單獨完成的效果趕不上在觀眾面前完成的效果。而**這種"有人在旁"與"單獨行動"條件下，個體效績差異的心理現象，社會心理學稱之為"觀眾效應"。**

我們也都有過這樣的感覺，同樣一件事，自己單獨做和有人在旁邊，做出來的效果會不同。單獨做沒有緊張感，也沒有榮譽感，做完就可以了。但是有人在旁邊就會使我們感到緊張，但同時也會帶來興奮，這時人一般都會處在比較亢奮的狀態中。這是因為個體之間存在着隱蔽的競爭因素，人人都有不同程度的好勝心，好勝心個體之間自覺或不自覺地展開了競爭。想在別人面前做到最好的心態，就促成了"觀眾效益"的產生。這就是為甚麼逞能的行為總是在他人面前出現。舉重運動員在觀眾面前能舉起在單獨練習時難以舉起的重量；而田徑運動員在比賽時的速度要比單獨練習時的成績好。由此可見，在"觀眾效應"這一社會心理現象的背後，真正起作用的是一隻看不見的手——無意識競爭心理。

需要指出的是"觀眾效益"是一柄"雙刃劍"，"觀眾效益"用好了有助於絕境中翻身；而用不好就會將優勢轉化為劣勢。比如演出或比賽時，觀眾多了，興奮度和緊張度同時增加了，興奮多些有利於發揮，而緊張多了，就會抑制水平的發揮。所以我們要善用"觀眾效益"，不要讓它成為我們的負擔。

11 第 11 話

做一個會講話的人

測　試　　當眾講話的能力是天生的還是後天的？

有的人口才很棒，有的人就顯得拙嘴笨舌。有的人在別人面前講話滔滔不絕，而有的人卻是含羞帶臊，不知從何開口。造成講話能力差別的原因是甚麼呢？是先天所致還是後天使然？下面通過一個測試來告訴大家答案。

題目：如果你講話講到一半，有人打斷你的話，轉移話題，你會：

A　把剩下的話吞下去，當作沒講

B　等對方講完，再接着講

C　跟對方搶着講，看誰聲音大

D　馬上要求對方尊重你，不要插話

結果分析

選擇 A：你是屬於對自己說話沒有自信的人，這也能反映出你對自己沒有信心，你對人際關係的梳理更沒有信心。你的說話不自信是先天形成的，而且後天也沒有經過專業的鍛煉。其實，話講到一半就被人打斷，甚至轉換話題，這是非常不尊重你的表現，對你是一種侮辱。你覺得受這樣的侮辱是很見不得人的，所以盡可能把話吞進去，就當作沒講，而且還希望大家不會注意到你。你不可以再這樣的遷就和躲藏，應該採取反抗的行為，可以用一些比較激烈的方式，一方面讓對方重視你，另一方面也可以提高自己的自信心。

選擇 B：你是一個很沉得住氣的人，在做事上也很有信心。而且在說話上很講究方式方法，知道針對場合和每個人的不同來選擇不同的說話方式。你的說話能力是天生具備的，在後天的不斷提高中又得到了加強。你是那種話沒說完，心裡不舒服的人。一旦有人不尊重你，打斷你的話，你選擇等對方講完，再接着講。你雖然知道對方不尊重你，但又不便於當面指出，只好耐心地等對方講完，再以很有君子風度的樣子繼續講完。一來可以避免沒講完話的尷尬，二來可以給對方一個教訓，這是一個很好的制敵之術。

選擇 C：你是一個很沉不住氣的人，反映在說話上，你信心十足，不容侵犯。你天生有很好的說話能力，但是後天沒有經過學習，沒有主動地改善一些不好的方式。你的脾氣很不好，一觸即發，絕對不允許別人侵犯你。所以，如果對方要惡意打斷你的話，你會不甘示弱地提高嗓門，要把對方拚下去。但是，記住凡事要三思而行，不然很容易惹禍，也很容易掉進別人的圈套中。

選擇 D：你是一個很有氣勢的人，頗有領導人的架勢。在講話上，不許別人插嘴或打斷，否則你會以很嚴厲的方式當面警告對方，要尊重你的發言權。這除了要有很大的自信外，也要有很大的勇氣和實力。你天生的說話能力不強，但是經過後天的不斷磨煉，培養了自己堅強的性格和強勢的說話方式。你是多以自我為中心的人，只要是你想做的事，就會義無反顧地做下去，不容許別人干涉。所以，你要減少一些強勢的作風，因為過於強勢會容易與別人發生衝突。

由測試可見，說話能力的差異不僅只是先天造成的，後天造成的差異更大。後天通過努力可以縮短甚至補足先天的差異，但是，如果後天再不加以磨煉，那麼差距就會越來越大。

會講話是一種藝術

講話是每個人都具備的基本技能，但是會講話卻不是人人都能做到的。**說話要考慮後果，不能信口開河。**如果甚麼話都不假思索地脫口而出，難免會因為說話不當而表錯情，影響正常的人際交往，甚至本意是想親近對方，結果反而得罪了別人。

生活中我們有時會因為說話不妥當惹惱了同事；因為說話不得體，得罪了朋友；還會因為一時不慎說了一些不吉利的話，令別人十分掃興；更令人惋惜的是因為說話不得當，而錯過了一個絕好的機會。其實這些情況都是因為說話前不思量，不講究說話的藝術和不考慮說話效果的結果。

心理學家曾指出："交談的效果如何，主要取決於我們是想好了再說，還是隨口就說；是考慮了目的、效果再說，還是只圖痛快，甚麼話都脫口而出。"那麼，說話時要注意些甚麼，才能取得好的效果呢？我們不用練到出口成章的程度，但至少我們的談話是談吐不俗的，思維縝密的，具有說服力，但又不咄咄逼人的。

難以抗拒的"害羞"心理

一般害羞的人同時都具有兩種心態：一種是想要做一件事而且希望把事情做好的心態，另一種是因為害怕做不好不敢付諸行動的心態。比如一起到歌廳唱歌，明明歌唱得不錯，卻不敢唱，即便別人邀請也不敢唱。類似的，在課堂上，一些學生知道問題的答案並且想給老師留下一個很好的印象，但是，他們卻不敢舉手和吱聲。

這些人之所以羞於行動，是因為他們身體裡面的害羞指令發出指示："你要去做的事情很可笑，大家會嘲笑你的；你要做的事情別人會認為你是在張揚自己；要是做不好怎麼辦；不要這樣做……不要那樣做……你只有不被看到或者聽到才是安全的。"而此時害羞者便決定不再去展示自己，而表現出懦弱的順從。所以害羞不是實力不行，而是心裡不敢。害羞使這類人備受折磨，在公共場合他們都會感到很困窘。我們不要驚訝於他們的反應是多麼的不正常，因為在人群之中害羞者並不少見。

剛剛走上社會的年輕人，由於缺乏社交場合鍛煉，初涉世事，在眾目睽睽之下一般都會羞於啟齒。當與陌生人或是上司說話時，尤其在需要回答問題或做技術演示時，一般都會因為過度緊張而出現臉紅心跳、語無倫次、動作拘束等失常現象。平時講起話來滔滔不絕，可一到正規場合，需要當眾表現的時候，就會十分緊張，支支吾吾的甚麼也說不上來。

那麼，怎樣才能克服害羞心理呢？

首先，要通過提高對事物的認知能力，擴大認知視野，認識客觀事物的某些規律，正確認識自身的優缺點，確立正確的目標判斷，然後提高預見性，對可能發生的各種變化做好充分的思想準備，就會增強心理承受能力。

其次，要培養樂觀的人生情趣和堅強的意志。在平時的生活和工作中有意識地磨煉自己，培養大度堅強的作風。這樣，會在遇事時沉着冷靜，機智應對。另外，平時要加強心理上的鍛煉，提高各項心理素質。進行有針對性的心理訓練，會形成有預期性的心理準備狀態，這樣能夠有效地戰勝緊張和害羞等不良情緒，提高心理適應性和平衡性。

此外，害羞心理還可以通過以下更直接的方法進行臨時性調整，這種臨時性調整方法如果經常使用，也可以逐漸克服害羞的心理。具體方法如下：

一、**"走自己的路，讓別人說去吧！"** 別人的譏笑、貶低往往是出於妒忌或者不承認別人比自己好。要記住：只要你不承認自己失敗，誰說你是失敗的也沒用！"不就是唱歌嗎，我也唱，還要第一個先唱，他們願意笑話就笑話吧！豁出去了！" 通過這種自我逼迫的方式，可以逐步擺脫害羞心理，有過第一次嘗試後，你會發現，其實這沒有甚麼難的。

二、**堅信 "天生我材必有用" 的真理。** 正確認識自己，看到自己的長處，發揮自己的特長，體現出自身價值。"我平時唱得那麼好，這次要讓別人都看看，他們一定會驚訝的！" 通過積極參加有利於發展特長的活動，利用優勢盡可能地多展現自己，可以不斷鞏固和增強自信心。

三、**勤能補拙是正確的。** 不要想一次就能改變害羞心理，要通過不斷地磨煉。"這麼緊張，這次是唱不好了，但是有機會就唱，總有一天就不緊張了。" 有時候心裡放不開，好似貓抓似的，感覺太緊，這就需要通過不斷地鍛煉，縮小與別人的差距，甚至趕上或超過別人。

四、**選擇合適的好方法。** 不能因為要擺脫害羞情緒就採用盲目的行為。"我唱《你的眼神》這首歌最拿手，我就唱這首。" 根據自己的實際情況選擇一些好的實用的方法，才能收到事半功倍的效果。

身體語言反映你的內心

瑞典乒壇常青樹瓦爾德內爾十多年來都是中國乒乓界的大敵，在 20 世紀 90 年代中期，老瓦狀態神勇，接連在大賽中將中國選手淘汰。為了找到瓦爾德內爾的軟肋並戰勝他，中國乒乓球隊的教練員和運動員通過反覆看錄像，終於發現每當瓦爾德內爾在比賽最緊張的時候，他都會下意識地提一下襪子。"後來，我們和瓦爾德內爾打比賽的時候，只要看到他提襪子，立刻就有招了，想辦法讓他無法平靜緊張，這辦法很靈。" 世界冠軍王濤這樣說道。瓦爾德內爾不經意間的動作卻暴露了自己的弱點，這正是身體表情的真實表現。知道別人身體語言暴露弱點的可怕性，那麼我們就要時刻觀察自己的身體語言，發現有暴露缺點的苗頭，就要立刻開始終止，缺點是要自己私底下改的，不能在別人都發現後再改正。

如果能利用自己的身體語言來迷惑對方那就更為高明了。比如刻意讓對方發現自己的某些身體語言，在別人以為通過觀察你的肢體語言已經很了解你的時候，就可以出奇勝之。電影《賭神》中有一個場景，賭神高進為了贏得賭界至尊大賽，在之前的五百場比賽中，特意加進了一個摸戒指的動作。在正式比賽前，對手認真研究了他的一舉一動，當然也注意到了他摸戒指的動作 —— 發現高進在想換牌時就會有這個動作，他們根據高進的特點制定出一套策略，但是，棋高一著的高進最後就是通過摸戒指的小動作取勝的。

　　身體語言，指非詞語性的身體符號。包括目光與面部表情、姿勢、外貌、運動、觸摸、肢體間的空間距離等。在與人交流溝通時，即使不說話，也可以憑藉對方的身體語言來探索他內心的秘密，對方也同樣可以通過身體語言來了解到我們的真實想法。人們可以在語言甚至狀態上偽裝自己，但身體語言卻會暴露出內心的真實心意。因此，破解身體語言，可以幫助我們更準確地認識他人。

　　看看 FBI 專家的經驗吧！

　　經常眨眼的人，通常心胸狹隘，不值得信任，和這種人相處，最好採用直接的方式。

　　常盯着別人看的人，一般警戒心很強，面對他們，要避免過度熱情或開玩笑。

　　大聲說話的人，多半是自我主義者，和這種人接觸要多說他愛聽的。

　　穿著不拘小節的人，往往都個性隨和，有事情可以找他們商量。

　　一坐下就蹺腳的人，表示自信心很強，而且有執行力。

　　邊說話邊摸下巴的人，通常個性拘謹，警戒心也強。

　　主動將目光與你接觸的人，表示願意進行溝通。

　　時常坐在椅子邊上的人，都會顯得焦慮和緊張。

　　……

　　如果你希望給別人留下好印象，就必須捨去那些對你有負面影響的身體語言。**在說話時，對自己的手勢、姿態保持警覺。**避免行為和言語出現矛盾，讓別人對你有不信任的感覺，甚至產生反感。

　　如果你得到一份非常喜歡的工作面試機會，你很有自信能勝任此項工作，但卻為面試感到緊張，又希望能給主考官一個好印象。那麼你該怎麼做呢？不只是要準備面試時該說的話，還要記住從見到主考官的那一刻，就必須要注意自己的身體語言 —— 微笑並直視對方，如果他回以微笑，表示你有一個好開始。但如果對方依然很嚴肅，也不要感到焦慮，要保持微笑，並且多與對方進行眼神的交流，這樣彼此都會覺得輕鬆，考官緊繃的臉，就會露出微笑；如果對方姿勢僵硬，你就放鬆，像照鏡子一樣，你會影響到對方也跟着你逐漸改變。要注意不能交叉手臂，也不要蹺起二郎腿，這是對對方極不尊重的表現，是與任何人交談都不能做的動作。一定要雙眼平視，不能東張西望，這是人緊張時最常有的表現。坐下時要保持前傾的姿勢，可以給人積極的印象，但是還要注意不要給對方造成有壓迫的感覺。

　　在注意身體語言的同時，也要隨時注意對方身體語言發出的信息，用以解讀他們真正的想法。每個人都會在別人的面前盡力保持好的一面，不讓別人看到自己的內心。有些人比較容易看出來，而有些人則因為歷盡世事洗禮，會隱藏得很深，不易發現，那麼我們就要花更多的心思來仔細琢磨。

　　通過學習不斷提高身體語言的表達能力，我們可以逐漸提高自己的吸引力，帶動出良好的情緒，提升自己的溝通技巧，樹立起良好的自身形象。

否定他人其實是人的本性

某學校會議室裡正在召開班主任會議，會議主題是評議和推選今年的優秀班級。會前，校長強調要求所有班主任如實表述自己的意見，並再三說明，不要因為顧及其他事情，而耽誤了今天評議和推選工作的公正性。

有了校長的開誠佈公，老師們自然暢所欲言，因為誰都希望自己的班級能評上優秀班級。張老師先說："……我覺得我們班很優秀，這種優秀不僅表現在紀律、衛生上，更表現在對待學習的態度和學業成績上……而這些都是其他班級所不能比的……所以我覺得，這個優秀班級應該給我們班。" 孫老師接著說："我在觀察自己班級表現的同時，也在觀察其他班級的表現。例如，某班衛生分擔區從來就沒有認真打掃過；某班自習課紀律一直都達不到學校要求的狀態；某班的幾名同學多次違反校規，在學校造成了很壞的影響……讓我欣慰的是，一年來，這些情況都未曾在我們班發生過。相反，我班同學在這些方面都表現出了良好的素質……" 各個老師都是各說自己班級的好，最後校長也不好評價到底哪個班級更優秀些，好像各個班級都不錯，又都不太好。

這是我們生活中很普遍的情景，眼裡能看到別人的不足，看到自己的長處，這是很容易的，而看到自己不足，看到別人的長處，卻是極其艱難的事情，即便看到了也不願意承認。因為，很多人認為，肯定了他人就會貶低自己。

人都喜歡被肯定，包括被他人肯定，自己對自己的肯定。這是人類的天性，也是人類追求美好的表現，本沒有甚麼可非議的，但人們往往在展現這一本性的時候，會同時暴露出另一劣根性——不希望別人像自己一樣得到肯定。更確切點說，我們都喜歡通過否定別人來肯定自己，或者藉否定別人來換取獲得被人肯定的理由。因為否定別人，同樣是人的本性。

無論大事還是小事，我們都只願意聽別人的肯定。可是反過來呢，在面對別人做的一些事情時，我們先會用審判的眼光看待，然後挑出毛病，否定他人所做的事情。其實，肯定自己與肯定別人並不矛盾。長遠來看，肯定別人不僅不妨礙肯定自己，反而會是自己獲得別人肯定的理由。只有鼠目寸光的人，才會為了眼前的蠅頭小利而全然不顧別人的感受，"全力以赴"爭取勝利的果實。更為重要的是，**肯定別人應該是高貴品質的修煉，是人性光芒的閃現**。在做出因要肯定自己，而隨意否定別人的一剎那，你便選擇了不平坦的生活道路。

正如有位哲人曾說的一樣："人性的偉大不會因人性中的某些醜惡而受到玷污，相反，它會因人們能遏制住本性中的醜惡而更偉大。"雖然在現實生活中人們經常犯這樣的錯誤，但完全可以通過自身不斷學習來改變這樣的現實，讓自己獲得壓制這些劣根性的能力，而不至於使其無限氾濫。

12 第 12 話

掌握辦公室說話的方法

説 YES or NO 都要有自己的想法

　　在某公司的一次部門例會上，主管提出一個建議請所有同事討論，如果可行就形成議案，提交到公司上層審核。主管對自己這個提議很重視也很有信心，為此他要求大家暢所欲言，不要有保留、有顧忌。

　　阿傑平時就是一個性格很直率的人，看到甚麼事情，不太經過分析就說出來了，說的往往都是直觀的第一想法。這會兒，阿傑又是先於大家發言，並且上來就說：“對於主管的這個提議我不同意，不符合公司的現狀，沒有可行性。”正當大家還想接着聽他說下去的時候，他卻坐下了，發言結束了！主管面色鐵青，沒有表態。其他人繼續說自己的觀點，有的說行，有的說不行，很長時間也沒有甚麼眉目。最後時刻，一直沒作聲的阿誠站起來，先在一張紙上寫了一些數字，放到桌子當中，然後說：“主管的想法是很前衛、很有創新性的，完全有可行性。從下面幾點我們可以具體看出來……”阿誠列舉幾點說明，在場的人都頻頻點頭。阿誠接着又說，“我們只要在具體實施方法上做一些改動，就會變得更好”，說完他結合着先前寫在紙上的數據，向大家說出他的具體觀點。說完後，大家更是紛紛贊成。最後，主管的提議按照阿誠的想法改動了，並向公司進行了申報。

　　其實，主管原來的想法幾乎沒有甚麼被保留下來，可以說全是阿誠的新想法。主管雖然也看到了這些，但是還是很願意聽從他的建議。而阿傑，不能不說他的意見也是對的，看出了主管的提議不可行。可是更不可行的是他說話的方法，既直來直去，又沒有具體的下文。所以，阿傑給人的感覺是，既不會做人，也不會做事。而阿誠則正好相反，是既會做人，也會做事。兩者一比，高下自見分曉。

在辦公室裡，每天做的事情無非就是兩件：一是工作；二是說話。而說話是更好完成工作的助推劑，也是和同事增進感情的潤滑劑。有時一句話可以讓別人對你刮目相看，但是同樣是一句話，也可讓別人對你嗤之以鼻。不要覺得就是和幾個同事日常相處，說些甚麼哪有那麼重要！其實，問題往往隱藏在不經意間。所以，為了避免不必要的麻煩，**我們要學會辦公室裡說話的藝術**，當我們每天說出去的話，能夠既讓人喜歡聽，又不會被別人輕易忘記時，那時，你離成功的距離就會更近一步。

Yes or No 是我們經常要做的選擇題："後天我們去西貢玩吧？""銷售同事今天提出的方案可行嗎？""張先生來當主管能勝任嗎？" 諸如此類的問題在生活和工作中可謂隨處可見，我們無法迴避，必須要做出選擇。而且更多的時候，不能只是說出 Yes 或是 No，還要有自己的觀點，說出自己的理由，不然有應付差事的嫌疑，別人會對你產生不信任感。

無論是贊成還是反對別人，都要事先經過深思熟慮，不能泛泛而來，一帶而過。你要贊成別人的想法，就要說出贊成的具體是哪一點，為甚麼要贊成，這樣別人會感覺他是受重視的，他提出的想法是有用的。如果是給別人提意見，就更要說得全面一些，因為否定了別人的想法，就等於是在挑戰別人的自尊心，絕不能以敷衍了事的態度行事，那樣別人會覺得你是傲慢的、是輕視他的。

另外也不能對待贊成的就一味贊成，哪裡都是對的。贊成的同時也要進行一下告誡，哪些方面還需要改進，哪裡如果能改變一下會更好，這樣你會給人以十分真心的感覺。而對待反對的也不能一直都是反對，所有的全都不對。錯誤的事情中會有教訓，我們可以吸取教訓。錯誤的方案中也會有可取性，應該將可取的地方昭示給眾人，真誠指出，為甚麼錯，需要怎麼改，該注意甚麼地方。並且幫助分析一下，如果按照原計劃做會是甚麼結局，按照改變後的想法結果又會怎樣。同時，也要爭取對方的意見，看看他對你改正後的想法有甚麼看法。只有這麼做，對方才能心服口服，不但不會因為方案被推翻而怨恨你，還會積極配合實行你提出的方案。

不一味地說明自己的觀點如何正確

如果一個人受了委屈，第一反應就是要解釋清楚，可是越是急於解釋，就越容易造成更大的誤會。

三國時蜀國將軍魏延在跟隨諸葛亮第六次北伐中原時，曾提出兵出子午谷，奇襲長安。後來歷史學證明，這是一個非常有戰略性的計劃，也是諸葛亮恢復中原的唯一機會。但是，因為諸葛亮對魏延的偏見——他始終懷疑魏延會造反，沒有採納魏延的建議。而魏延一直不甘心，又先後幾次找諸葛亮陳述自己的觀點，但是諸葛亮的態度卻一次比一次差，最後乾脆不讓魏延進大帳。戰爭的結果眾所皆知，諸葛亮沒有攻進中原。魏延急於建功，也因為他知道諸葛亮對他有偏見，所以也想藉機扭轉諸葛亮對他的印象。但魏延不知自己犯了心急的毛病，俗話說 "心急吃不了熱豆腐"，往往越是想急於證明自己，就越是適得其反。

在職場中，因為工作或是個人成見，難免會有人對你形成不好的印象，或是因為對你的印象不好，就會對你提出來的觀點和方法，不予理睬。當上司或同事對你的看法不正確或是對你提出的意見不予正確對待時，你應該怎樣做呢？要迴避正面鋒芒，不與其正面交鋒，要側面迂迴。

蜀漢著名謀士許攸就深諳此道。當時袁紹手下有三大謀士，田豐、沮授、郭圖，許攸排不到前邊。但是，這三個人都各有性格缺點，尤其是田豐，"剛而犯上"，多次因向袁紹進諫而觸怒袁紹。漢獻帝被李傕、郭汜劫走時，曾下密詔，招眾諸侯討賊，袁紹當時離漢獻帝最近，理應派兵援救。田豐極力主張援救漢獻帝，郭圖反對援救，沮授不表態。其實，田豐的想法是對的，後來的歷史也證明，曹操救走了漢獻帝，並 "挾天子以令諸侯"，成就霸業。但是，田豐性情剛烈，不知迂迴，直面向袁紹陳述，而且反覆數次勸諫，袁紹性柔而寡謀，看不出其中的成敗利害，而且也對田豐產生了反感，所以最終聽了郭圖的建議，不援救獻帝。當時的許攸和田豐的看法是一樣的，但是他比田豐聰明，只進行了一次勸諫。後來，袁紹屢次因漢獻帝詔書受制於曹操，深感後悔，但是他因為已經反感了田豐而不願聽田豐的建議。此時，許攸看準機會，進行多次進諫，贏得了袁紹的信任。許攸並沒有一味地進言，而是在袁紹被動受制時再出手，因為許攸此前有過正確的建議，而且也給袁紹留了足夠的面子，自然袁紹看到許攸時不會有尷尬的感覺。許攸很清楚，無論甚麼人，只有在危機或危難時，才會認真對待別人的意見，才會真心感謝別人的幫助。

誰都希望自己是正確的，也希望在別人那裡同樣被認為是正確的。所以，一旦發現有人對我們所做的自認為正確的事情熟視無睹時，我們通常會採取不斷提醒的辦法，讓他人注意到。還有就是，怕別人說自己是不正確的，就不斷地向別人闡明自己觀點的正確性。可是這種祥林嫂式的做法，不但不會讓別人從正面去解析你的觀點，還會產生逆反的心理，就是"擺脫"心態，想盡快把你的觀點從大腦中摘除，**心理學稱這種思維叫"感知疲勞"或者"感知麻木"**。

人們通常對於別人說過一遍的事情會很感興趣，也最能記得住；而對於說兩遍的事情，就會失去興趣；說了三遍，就會開始反感，從心裡開始排斥對方所說的內容，因為這其中有被不尊重的感覺；再多說到四遍，厭惡心理就會產生，會選擇不去理睬，馬上忘記的心態……這樣即便你的想法是正確的，也會被別人當垃圾一樣拋棄。

不能違心地贊成大家都同意的見解

佳慧工作有幾年了，沒犯過甚麼錯誤，平時人緣也不錯，但就是不獲提升。佳慧的工作原則是，以大家的意見為主，大家怎樣，她就怎樣。一次，部門的主管提出一個建議，讓大家討論，看看是否可行。這個建議其實不怎麼好，大家的心裡都清楚。可是卻沒人提出異議，都在等別人表明態度，佳慧自然也跟著隨波逐流。最終決定按照主管的議案執行。

過了不到一個月，這個議案就在執行中出了毛病，老闆讓該部門負責人去辦公室說明此事，可是主管正好外出，只有佳慧在，沒辦法她只好去老闆那裡說明情況。一進門老闆就大發雷霆，好像一切錯誤都是佳慧犯下的。佳慧心裡不服，對老闆說：“這方案是主管提出來的，大家也都同意，怎麼就怪我了！”後來，上司把佳慧降了職，而部門主管和其他同事雖然也被批評，但是後來及時調整方案，事情解決得不錯，先前的失誤沒有造成大的損失。

佳慧覺得很委屈，為甚麼大家一起做的決定，最後卻只有她承擔責任？其實，老闆肯定很清楚事情的原委，但是，人的正常心理是，看到責任人後的“定責心理”，亦即人在憤怒的情緒作用下，往往會對第一個看到的人感到最大的憤怒，而認為他該負最大責任。這是人的心理作用，只要過了這一小段憤怒的時間就好了。但是，此時佳慧又犯了一個錯誤，就是否認自己犯了錯誤，把責任往外推。其實，這也是佳慧違心贊同大家意見的延續，她認為隨著大家的意思，就不會有擔責任的風險，但是沒想到隨波逐流有一天會擔更大的風險。

職場上常見兩種心態：一是不想得罪人，只要和自身利益沒有太大關係，哪怕有不同意見，也不會站出來反對別人；二是不做得罪人的帶頭人，要看看別人有沒有反對的，如果沒有，即便自己有很多意見，也就不提了。這兩種心態會導致人說違心話，做違心事。

為甚麼會有這兩種心態呢？其實，原因只有一個，**就是不敢承擔責任**：一是對自己的責任 —— 怕提出來別人不高興，失去同事間友好的關係；二是對公司的責任 —— 怕提出來後，按照自己的想法做會失敗，不僅失去面子，而且還會失去上司和同事的信任。

違心贊同大家意見的後果就是，即便結果很好也沒有你的份，那是上司的功勞，是提出議案者的功勞；可如果結果不好，那麼也一樣吃不了兜着走，贊同意見的每個人都一樣承擔責任。

所以，在工作中我們要有自己的思維和做事原則，不能被別人左右，不能被責任嚇倒。要有敢擔責任、敢擔風險的勇氣，美好生活屬於強者，是因為美好生活都是由強者創造的。

善於組織簡潔明快的語言説明事物

世紀偉人鄧小平從不喜歡滔滔不絕地高談闊論。他的語言簡潔精闢，善於抓住問題核心，一語中的，絕少用形容詞，更少拖泥帶水。他用簡潔明確的語言，傳達着耐人尋味的深邃思想，很值得學習借鑒。

《我的父親鄧小平》一書中記述，女兒問鄧小平："長征的時候你都幹了些甚麼工作？"鄧小平回答三個字："跟着走。"當孩子們問起他在太行山時期都做了些甚麼事？鄧小平只回答了兩個字 ——

"吃苦"。抗日戰爭爆發後，鄧小平任八路軍政治部副主任，1938 年 1 月又任八路軍一二九師政委，和師長劉伯承一起深入華北敵後，創建了太行、太嶽等抗日根據地，在艱苦的條件下，擔負起領導華北敵後抗日根據地黨政軍的全面工作，打了一個又一個的勝仗。從此，劉鄧大軍的赫赫威名聲震天下。在評價劉鄧大軍的輝煌戰史時，他也只用了兩個字 —— "合格"。1992 年 1 月 18 日至 2 月 21 日，鄧小平視察武昌、深圳、珠海、上海等地，發表了重要講話。鄧小平的南方談話對中國 20 世紀 90 年代的經濟改革與社會進步起到了關鍵的推動作用。在這次南方談話中，鄧小平依然用短促而擲地有聲的話語來評價自己的作用 —— "我的作用就是不動搖"！

表達簡潔是一門高超的語言藝術。話不在多，管用就行。俄國著名作家契訶夫曾說："簡練是才能的姊妹。" 簡潔是一種美，更是一種才能。職場上要善於組織簡潔的語言，既能把事情說明白，又不要讓別人感到囉唆。如果說了很多和主題無關的事情，肯定會讓人心裡產生反感，從而忽略了你敘述中的重要內容。

說話囉唆是三種心態在作祟：第一總是怕別人不明白，總想把事情盡量說得清楚些、細一些。其實，沒必要給別人定位過低，只需要以正常的思維心理想事情就可以了；第二擔心自己表意不明，對某個內容進行反覆交代。有這種心理，就是我們對自己的表述不自信，越不自信就越囉唆，越囉唆就越不自信，這是一個惡性循環；第三就是想顯示自己閱歷豐富，知道的比較多，想通過這個途徑展示給別人，但是，往往卻忽略了事情的本質，向別人說明問題時，主要應說清的是事情，而不是描述事情的語言。

那麼，怎樣才能做到簡潔明快的表達呢？在此列出四種方法：

一是**"簡"**，刪去冗繁文字。過多華麗的辭藻和交代性文字、游離於主題之外的各類敘述、無關緊要的說明和解釋，都如同人身上的贅肉，沒有存在的價值，只會給說明增加負擔。在意思明白的前提之下，它們大可刪去。

二是**"潔"**，多用白描手法。"白描"是國畫的一種技法，它完全不用色彩渲染，只用線條簡筆勾勒，以顯示人物、山水的神韻。借用到語言上，白描是指抓住事情的特點，用簡筆勾勒的方式對事情進行說明，即用簡練平實的語言來勾勒出事情最重要的中心內容，不去進行瑣碎的細節描寫。

三是**"明"**，盡量使用短句。短句短小精悍，乾脆利落，生動明快，活潑有力，節奏性強。它能簡明扼要地敘述事實，反映事物的迅速變化，表達敘述者緊張、激越的情緒或堅決肯定的語氣。

四是**"快"**，適當用點文言。但是要選擇常用的，一般人可以懂的。古詩文語言凝練，藝術性強，有時一個字就能表達出一個意思。

話不在多而在精，而且往往精練短促的語言，更能充分展露出你的信心和能力。但同時要注意組織好語言，不能過分追求簡潔。過分追求簡潔等於是在考驗別人的聯想能力。以前有個相聲段子叫《省略語》，裡面講了一個賓館服務員給別人安排房間時的場景，她把每人的工作單位給省略了："開刀的去五樓；上刑的在三樓；開膛的到地下室；自殺的進後院"。其實這五個很嚇人的部門分別

{}

是：開封刀具廠；上饒模型廠；開灤搪瓷廠；自貢殺蟲劑廠。雖然很搞笑，但是裡面反映的問題就是曲解了語言要簡潔明快的意思，是為了簡潔而簡潔。日常生活中也有這樣的事情發生，有時是事情緊急來不及說清楚，結果造成誤解，耽誤工作；有時是認為沒必要說太多，以為別人都清楚，提一下就行，結果是雙方理解不同，也造成誤會；還有的時候，是刻意的想簡潔，但是卻把一些重要內容給省去了，別人根本不明白你要說的是甚麼意思。

任何事情都是過猶不及，太長不行，太短也不行，能用十個字說清楚的事情，就不用多餘的字；但是也別再往下精簡，想用更少的字。如果你現在說話還不夠精練，那麼不要追求一步到位，要循序漸進，逐漸改善，時刻注意自己的說和寫。那麼，簡練的語言、精幹的形象、自信的性格，將會離你不再遙遠。

你的 Dream Team

有的團隊 10 個人能做 20
個人的事情；有的團隊 10 個
人做好了 10 個人該做的事；
還有一些團隊 10 個人只能完
成五六個人可以做的事情，還
忙到焦頭爛額。
　　為甚麼同樣的人數卻有不
同的效率？甚麼樣的團隊才是
優秀的團隊呢？

13

第 13 話

與團隊和諧相容

測　試　　　　你是一個易怒的人嗎？

　　每個人都會生氣，只是每個人的脾氣秉性不同，展現出來的生氣程度不一樣。容易生氣的人，就是一般說的脾氣大或者性格暴躁，而不容易生氣的人就是好脾氣。脾氣大是不好的，既傷身體又傷人心，這點誰都知道，但是卻不容易改掉。那麼，你通常是怎樣生氣的呢？來做個小測試，了解自己的缺點，也可設法去改善一下。

題目：這些自然界的水你會喜歡哪一種呢？

A　波浪滔天，拍打岸邊的水

B　從高處傾瀉而下的瀑布的水

C　一望無際，平靜遼闊的水

D　順着地形起伏，涓涓細流的水

E　急流險灘，強勁奔騰的水

結果分析

　　選 A。個性直接且單純，容易被激怒。

　　你是個心裡有話藏不住的人，直率且單純，容易被激怒，常常會衝動。熟悉你的朋友都懂得如何和你相處，可是不熟悉你的朋友，卻可能對你退避三舍、敬而遠之。

　　建議：個性天真固然好，可是社會的競爭非常激烈，爾虞我詐時常出現，凡事還是要多想一下可能發生的狀況。

選 B。不隨便發脾氣，可一旦發脾氣就驚天動地。

平常你習慣將不滿的事情壓抑在心中，很少向人提起。等情緒積累久了，性情就顯得暴躁，再遇到讓你不開心的事，自然就很容易成為導火線爆發開來。

建議：不要怕得罪人。如果覺得對方的做法你不贊同，可以進行溝通，以理服人讓他改善。千萬別壓抑，否則生氣的時機不對，理虧的還是你自己。

選 C。修養很好，包容力很強。

你平時不怎麼會發脾氣，遇到不公的事，多半一笑置之。對方的無理取鬧，會讓你多少能滿足一些自身的優越感，認為別人是無計可施才會這樣。也許你會認為你隱藏得好，可是對方卻還是感覺得到你的敵意。

建議：在你很討厭一個人的時候，不要視之不理，那樣他得不到任何改變，而你再見到他還是會討厭，還要選擇忍耐。不妨試着引導他讓他發現自己的錯誤，然後幫着他改善。

選 D。太在意別人而壓抑自己。

你是個很重視別人看法的人，尤其很在意親近的人對你的看法。所以你很容易因一件小事情就傷心難過，有時甚至會在心中鬱悶許久。在你想要發脾氣時，常常會顧忌到傷害人，於是就選擇挑些不相干的小事來責難對方，讓對方既不解又憤怒。可見，雖然你的本意善良，可是人家卻不領情，還怪你小家子氣。

建議：人有適度發脾氣的權利，不發脾氣並不代表你的脾氣好，相反卻顯示出你性格軟弱。一方面想壓抑，一方面又控制不住，只會讓你看起來更陰陽怪氣。

選E：城府很深的人，心機重。

你不隨便發脾氣，給人的感覺是你脾氣很好。你的個性相當陰沉，城府很深，也很精明，遇到不平的事你總是隱忍不發，卻是暗中記下，並設法羅織對方種種惡形惡狀。任何事情都是有計劃地進行，連生氣也是計劃許久的，故意設計使對方犯錯，你再來個甕中捉鱉，細數對方的十大罪狀，讓人感到不寒而慄。

建議：這樣的方法固然讓你贏得了真理，卻也同時失去了友情。得理且饒人，快樂不該建立在別人的失敗上。

由此測試可以看出，每種性格都有不足之處，我們不能在任何事情上都任由自己的性格來，要做到保留所長，改變不足。該不該發脾氣，怎麼發脾氣，都是有學問的，要學會審時度勢、因人因時，有方式方法地發脾氣。慢慢你會發現，發脾氣不是壞事，也會對你有所幫助。

1 + 1 > 2 ?

　　團隊是由個體組成的，每一個人都是組成團隊的一分子，都貢獻着自己的一份力量。只要發揮出每個人的特長，做到人盡其才就是優秀嗎？做到人盡其才是團隊成員的優秀，而對於團隊來說只能算是合格。好的團隊是可以讓所屬成員在工作中不斷進步，然後放大每名成員的價值，達到 1+1>2 的效果。達到這種效果後，我們可以發現這樣的規律，人員越多，這種放大效果就越明顯，1+2 就可以 >5，而 2+3 可以 >8，3+4 可以 >12……

　　好團隊的核心標準就是和諧，只有和諧的氣氛才能發揮出團隊中每個人的能力，會迸發出巨大的團隊能量。而不和諧的團隊就是一團污泥濁水，會讓你染病，讓你迷茫，讓你覺得前途是一片渺茫。所以，我們身在團隊中，每個人都要努力營造和諧的氛圍，罷黜所有不良想法，比如過分計較，過分在意眼前得失，過分挑剔他人的不足……

　　團隊的和諧，要求成員有相同的價值觀、相反的性格、互補的能力。相同的價值觀是大家心往一起想，勁往一起使的動力，也是彼此化解矛盾、緩和矛盾的軟化劑；相反的性格是人性的相互補充，如果都是類似性格的人，那麼導致的結果就是，有了錯誤時，沒有人指出，看不到錯誤的存在；能力是實現一切的保證，但是團隊中的能力不能是單一的、一成不變的，而是要多樣的，是隨時改變進步的，那樣才能物盡其用、人盡其才。

孤單是一個人的狂歡；狂歡是一群人的孤單？

阿忠在一家公司的倉庫工作，他覺得倉庫工作沒甚麼前途，就是出庫進庫，別登記錯數目就可以。而事實也正如他所想的那樣，每天的工作都是按時上下班，和同事做完交接就下班了，工作沒有甚麼積極性，幾個同事都是這樣的心態，除了正常工作交流外，其他的也不說甚麼，阿忠覺得工作很枯燥。主管想提高屬下工作的積極性，於是自掏腰包請幾名屬下吃飯，吃飯時的氣氛很好，大家有說有笑的，可是回到工作中狀態依然如此，而且工作中犯錯誤記錯數據時常發生。

半年後部門主管換人了，新來的主管每天吃飯都和員工一起，上下班和員工談談心，有時晚上和員工一起出去吃飯，但是 AA 制。短短十幾天時間，原來死氣沉沉的倉庫區有了說笑聲，每天大家都在很愉快的心情中度過，大家的心情都變得開朗，工作效率也大幅度提高。

如果有一群充滿熱情、激情的人組成一個團隊集體，那麼這個團隊是有凝聚力的，可以克服困難，創造出奇跡。

時下很流行的一句話：孤單是一個人的狂歡；狂歡是一群人的孤單。意思是要區分本質和現象。有些看似孤單的人，其內心或許並不孤單，而是豐富的、洶湧澎湃的；而有些人很怕孤單，總是要到人多的地方，看似高興歡樂，實則內心孤獨寂寞。選擇獨處的人，一般不怕孤單，敢於承受孤單，也享受孤單的感覺。而選擇喧鬧狂歡的人，卻是因為害怕孤單，無法承受孤單的滋味。

那麼，怎樣才能解除孤單？首先，需要有深交的知己；其次，還需要有一群能真心接納你的朋友團體；第三，個人要具備與人交往的技巧。我們可以嘗試着觀察身邊善於與人相處的同事，看看他們為人處世的方法，可以從中感受到融入集體與不融入集體的差別。**在團隊中，我們不能選擇孤單，而要選擇狂歡**，用熱烈的心來與他人合作，誠實而有激情地與他人交流，這是一種熱情，對人的熱情，對工作的熱情，對生活的熱情。工作中需要熱情，需要激情，才是進入了工作狀態。調動起團體每個人積極工作的狀態，是這個團體能不能和諧相處、充滿創造力的重要因素。

團隊意識是融入團隊的決定性因素

新中國成立初期，中國沒有大型的電子運算設備，許多大型科研項目在進行研究時，科學家們都要在紙上進行筆算，運算量非常巨大。一個項目要有幾百幾千個題目，每個題目的運算量就要幾十個科學家算上幾天，這當中要是有哪個人的哪一步計算錯誤，就要導致其後的運算全部作廢。所以，大家的精力都高度集中，誰也不敢馬虎，就怕自己錯了，甚至都會進行反覆檢驗。

這些科學家都是國家級的棟樑，每個人都是各個領域的頂級大師，但是他們為了集體的利益，都抱着高度負責的態度，就算再艱難也要做到最好。在新中國極其艱苦的情況下，中國創造了很多科學奇跡，這與廣大科學家極度負責的態度是分不開的。

團隊意識的強弱是一個團隊能否攻堅打硬仗的本錢。團隊意識強，團隊的工作效率就高，核心能量也就強大。反之，團隊意識弱或是沒有團隊意識，則團隊就缺乏戰鬥力，成為一盤散沙。團隊裡的每一個人應該有團隊意識，因為你代表的不是你一個人，而是整個集體，你的一次失誤可能會導致全盤的失敗。那麼，甚麼是強的團隊意識呢？**就是要時時刻刻都有強烈的責任心，高度的集體意識**。換句話說，團隊意識不能是時有時沒有，有些人就認為，在需要的時候，有團隊意識，平時就放鬆一下嘛。其實，這種想法是非常錯誤的。心理學家指出，人的意識是通過逐漸培養形成固定模式的。

意識決定人的行為狀態，有甚麼樣的意識，就會產生甚麼樣的反應，做出甚麼樣的事。著名球星傑拉德曾經說過："在比賽前一天開始，我的心裡就只有比賽的事情。"其實生活就像比賽一樣，如果你在比賽中分心了，不能集中精力，就會被激烈的比賽拖垮意志，導致失去繼續比下去的勇氣。將好的意識形成習慣，不但可以提高工作效率，還可以提高工作積極性。所以，要積極培養自己的團隊意識、負責心態，在工作和生活中積極進取，為走向成功打下堅實的基礎。

團隊有凝聚力，工作效率會提高

法國是世界足球強國，幾十年來球星輩出，在歷次世界大賽上都被列為奪冠熱門，但是法國隊的成績卻並不讓人滿意。直到1998

年在法國舉行的世界盃上，本土作戰的法國隊終於贏得了世界盃，並且又在兩年後的歐洲盃上再奪桂冠，法國隊一時無二，成為當時的霸主。

縱觀當時的法國隊，雖然有巨星施丹坐鎮，但並沒有達到鶴立雞群的程度，而 1998 年的世界盃法國隊是無鋒線作戰，沒有優秀前鋒，基本上都是靠中後場球員攻城略寨。可以說，法國隊的輝煌是全隊高度凝聚力的結果，那時的法國隊從教練到隊員，都很明確當下的任務，並且能做到認識正確，認真執行。在場上無論是領先還是落後，主動或是被動，都不會亂了方寸，而是堅定地按照他們自己制定的策略踢，堅持自己的風格。後來的 2002 年世界盃和 2004 年歐洲盃，法國隊雖然鎩羽而歸，但是作為頂級強隊，他們的隊魂仍在、底蘊仍在，並在 2006 年再次站到了世界盃決賽的賽場上。

然而，這樣一支歷經輝煌的球隊，卻在兩年後的歐洲盃和四年後的世界盃上踢得醜陋不堪，究其原因是球員都是在低頭踢自己的，單打獨鬥，不想通過尋求配合來完成進攻。沒有了凝聚力，失去了戰鬥意志，即使制定目標、方向，有嚴密的計劃和內容也無濟於事。

團隊有沒有強大的戰鬥力，有兩個主要因素：一是團隊成員團隊意識的強弱；二是團隊凝聚力是否強大。

團隊凝聚力的本質來源是團隊中的成員。不要認為，只要每個成員都有很強的團隊意識，其凝聚力就會自動形成。團隊成員是個體，團隊是集團，集團對個體有決定性，但是個體對集體沒有決定性。集體的力量要強於個體的力量，個體的力量無法扭轉集體的現實情況，而集體的力量卻可以輕易改變個體成員的想法。所以，團隊凝聚力的形成不是簡單的有共同方向、共同價值觀就行，而是要有具體的、有計劃的行動方式。凝聚力不光是凝聚人心，也要凝聚時間，要經過長時間的累積。良好的持久的凝聚力，會形成一種文化，文化是可以傳承的，還可以在傳承中不斷加固凝聚力。

失去凝聚力是極其可怕的，它不僅只是降低工作效率這麼簡單，而是會破壞人的工作情緒，讓人迷失前進的方向，失去前進的動力。所以，要保證有持續的凝聚力，而不是間接斷斷續續的

14 第 14 話

找到你在團隊中的正確位置

測 試　　　你在團隊中扮演甚麼角色？

　　Cosplay 是時下很流行的遊戲，玩家在遊戲中找到屬於自己的角色，"司令"或者是"長官"，或者是"士兵"，排定好角色後，才能進行以後的遊戲。在團隊中也是一樣，我們也要知道扮演的是哪個角色，這樣才能繼續好好工作。

題目：讓我們穿梭時光，回到身不由己的江湖，看看在江湖裡我們是甚麼樣的角色？

1　若你穿越到金庸的《射雕英雄傳》裡，你希望自己碰到的第一個人是誰？

　　A 周伯通

　　B 黃藥師

　　C 黃蓉

　　D 楊康

2　你無意間發現了黃藥師的一個很大的秘密，你會選擇怎麼做？

　　A 反正黃藥師也不知道我發現了，沒甚麼事

　　B 因為擔心黃藥師會知道，所以先離開桃花島

　　C 裝作不知道，心裡另有打算

　　D 向黃藥師說出已經知道他的秘密，藉此來威脅他

3　你看到華箏公主總是癡癡纏着郭靖，你有甚麼感覺？

A 反正與我無關，不去關注

B 直接告訴華箏你與郭靖沒有可能

C 默不作聲地看著

D 覺得華箏這個女人真是又麻煩又囉唆

4　回到江湖的你，身上還有四件現代的物品，你會拿哪一件
來吸引別人的注意？

A 香水

B 止疼片

C 香檳

D 隱形眼鏡

5　你被歐陽鋒和歐陽克劫持走了，你心裡的想法會怎樣？

A 沒事，小說中本沒我這個人，我是不會死在這裡的，吉
人自有天相

B 我和郭靖黃蓉是朋友，他們肯定會來救我

C 努力說服這兩個人放了自己

D 還是和歐陽鋒叔侄合作吧，保命要緊

6　和郭靖近距離相處，你才發現原來郭靖比小說中的更傻，
那麼你會怎麼想？

A 郭靖就是這點最可愛

B 人雖然有點傻，但是心眼很好

C 我要是努力學，比郭靖武功還要高

D 他在我心目中的地位本來就不高

7　你發現黃蓉也是一個從現代穿越到小說裡的人，你會怎麼做？

A 告訴她自己也是穿越人

B 不告訴黃蓉自己也是穿越人，但和黃蓉合作

C 思考同為穿越人，黃蓉比自己優秀在哪裡

D 懷疑身邊很多人都是現代人穿越來的

8　在小說裡，你希望自己成為甚麼樣的人？

A 身臨其境看着他們爭最好

B 也當一位大俠客

C 丐幫不錯，當丐幫幫主

D 想辦法讓自己贏得華山論劍，當上武林盟主

9　在回到現代之前，你想要帶回甚麼留作紀念？

A 哈哈，帶一個小說裡的人回到現代

B 丐幫至寶打狗棒

C 金銀財寶，錢是最重要的

D 絕世武功，回到現代後，就所向無敵了

10　如果穿越回現代，你是否還會再看《射雕英雄傳》？

A 不再看了

B 偶爾會翻翻，回憶一下穿越的歲月

C 重寫《天龍八部》

D 懷疑寫《天龍八部》的金庸也曾經穿越到古代

結果分析

選 A 最多：逍遙的江湖浪人。

你在團隊中的位置是跑腿型的，大家有甚麼需要就會要你幫着做，你也很願意幫人跑腿。其實，你不喜歡一些很有技術性、要承擔很大責任的工作，而是喜歡做一些不需要技術性，比較瑣碎卻能充實生活的工作。但是，你忠誠度非常高，沒有二心，雖然你不會為團隊帶來很大驚喜，創造出奇跡，但是對團隊和諧和後方保障有很大貢獻。

選 B 最多：武功高強的江湖俠客。

你在團隊中的位置是核心技術人員，自尊心很強，不容許自己犯錯誤，更不容許別人說三道四。你是團隊的中堅力量，承擔着團隊技術更新和技術攻關的重任，所以，你責任心很強，力求將自己職責範圍內的事都做到最好。你對所做的事情責任心很高，對團隊忠誠度也很高，是不可多得的人才。但是，你最大的缺點就是性格的不足，與人交流少，這樣會失去一些改正錯誤的良機。

選 C 最多：江湖第一幫派的負責人。

你在團隊中的位置是領導者，即便不是最高領導人，也是上層領導者。作為一個合格的領導者，一般都是性格隨和、思慮縝密、遇事冷靜、足智多謀的。你也有上述的這些優點，而你更善於發現別人的長處，能做到因人而用。在以後的領導中，要做到不固執己見，不要想着團隊所有人都是為你服務，別人都得毫無條件地圍繞你的思維轉，因為，一榮俱榮，一損俱損，你終究也是團隊的一分子。

選 D 最多：城府極深的野心家。

你在團隊中的位置是軍師，為團隊出謀劃策，替上司排憂解難。你性格內斂，最真實的想法常常隱藏在內心深處。你是團隊的智囊核心，同時也是這個團隊中不安定因素的核心，因為你為團隊做事，所想的第一點不是團隊利益，而是自己的利益，當團隊利益無法滿足你自身利益時，你會毫不猶豫地選擇離去。建議你，擁有聰明的頭腦，還要有長遠的眼光，更要有寬闊的胸襟，要知道，不管甚麼樣的大事，最終的成功都不是靠一個人的智慧。

找到位置，更要找對位置

在社會中，每個人都會有自己的位置，這個位置體現在我們的職業中；在親人朋友和同事的心裡，我們也會有一個位置，這個位置可以在心裡度量出來；在團隊中，我們也有固定的位置，這個位置可以通過表象上的職位看出來，也可以通過以後長期的發展體現出來。

位置的不同，反映出每個人所做的事情，所承擔責任的不同。但是，位置容易看到，也容易找到，但卻不容易找對，能不能找準那個屬於自己的，也是適合自己的位置，不光是對自己很重要，對整個團隊也是如此。找準位置，可以事半功倍，對團隊的貢獻就大；找不準位置，就會多浪費時間精力，做不好事情，對團隊的貢獻就小，有時甚至談不上貢獻，而是給團隊帶來麻煩。

"越權" 背後的心理因素

關於 "越權"，下面兩個結局迥然不同的中外故事，頗令人深思：

戰國的時候，韓國君主韓昭侯有一次因飲酒過量，不知不覺醉臥在床上，酣睡半晌都不曾清醒。他手下的官吏典冠擔心君王著涼，便找掌管衣物的典衣要了一件衣服，蓋在韓昭侯身上。

幾個時辰過去了，韓昭侯終於睡醒了，他感到睡得很舒服，不知是誰還給他蓋了一件衣服，他覺得很暖和，他打算表揚一下給他蓋衣服的人。於是他問身邊的侍從："是誰替我蓋的衣服？"

侍從回答說："是典冠。"

韓昭侯一聽，臉立即沉了下來。他把典冠找來，問道："是你給我蓋的衣服嗎？"典冠說："是的。"韓昭侯又問："衣服是從哪兒拿來的？"典冠回答說："從典衣那裡取來的。"韓昭侯又派人把典衣找來，問道："衣服是你給他的嗎？"典衣回答說："是的。"韓昭侯嚴厲地批評典衣和典冠："你們兩人今天都犯了大錯，知道嗎？"典冠、典衣兩個人面面相覷，還沒完全明白是怎麼回事。韓昭侯指着他們說："典冠你不是寡人身邊的侍從，你為何擅自離開崗位來幹自己職權範圍以外的事呢？而典衣你作為掌管衣物的官員，怎麼能隨便利用職權將衣服給別人呢？你這種行為是明顯的失職。今天，你們一個越權，一個失職，如果大家都像你們這樣隨心所欲，各行其是，整個朝廷不是亂套了嗎？因此，必須重罰你們，讓你們接受教訓，也好讓大家都引以為戒。"

於是韓昭侯把典冠、典衣二人一起降了職。

另一則故事是：

美國鋼鐵大王卡內基原是賓夕法尼亞州的一位普通的鐵路技工。一天早晨，他和往常一樣開始執勤，突然，他發現，不知甚麼原因，正在行進中的火車突然在半道上停了下來，由此引來了一場大混亂。此時，他的上司尚未到勤，如果等到上司到達再做處理，局面將不堪設想。卡內基當即果斷地決定，以其上司史考特的名義發出訊號，排除故障，通令全線列車再度發動，這才漸漸平息了民眾的憤怒。

車子開動以後，卡內基絲毫不敢放鬆，不斷地下達指示，時刻保持高度警惕，以免發生嚴重事故。等到史考特出現在辦公室時，卡內基已經將一切引上了正常的軌道。當他把剛才發生的一切對上司如實稟報之後，上司驚訝得說不出話來，為他的決斷深深折服。

同樣是越權，為甚麼有的被降職，有的卻被賞識呢？

"越權"聽起來是一個很不順耳的詞彙，一般人聽到的第一反應就是，做屬下的一定是犯錯誤了，做了自己不該做的事情，可能是無心的，也可能是有心的。無心越權是辦錯事，有心越權是辦壞事。難道所有的越權都不是好事嗎？越權的後果都是不好的結果嗎？其實，任何事都是有兩面性的，好事的開始如果利用不好，也會有壞的結局。可是，如果是以不好的事情開始，要是運用好了，也會有好的結局。

其實，作為上司最不願意看到的往往不是屬下辦不好事，**而是不會辦事，分了上司的權**。那麼，為甚麼有人會越權呢，這背後的心理因素是甚麼呢？我們將越權的心理因素統歸為三種：

第一，確實不知道。在不明個中原因的情況下，或者是被人引導着當槍使了。我們遇事時要多想一想，哪些事可以做，哪些事不可以做，不能搞不清楚狀況就去做。另外，還要多想想為甚麼有些事別人不去做，而要我來做呢？身在職場，謹慎行事是必需的，凡事都要有自己的判斷，不能盲目地跟着感覺走，更不能跟着別人走。

第二，為了凸顯自己而特意為之。在職場中，每個人都想迅速上位，展現自己，得到別人的認可，所以就想利用一切機會。這也是在職場中 "越權" 情況發生的最大原因。但是，有些機會是能利用的，而有些機會是不可以去利用的。

上面故事中的卡內基，雖然逾越了職責，但他是從大局出發，迅速決斷避免了重大事故的發生，對於上司來說，與其說是越權，更像是拯救。而韓昭侯的做法在今天看來也許有些過分，但他嚴明職責、嚴格執法、不以情侵法的精神，還是值得肯定的，也有一定的積極意義。

所以，想要越權辦事，不是不可以，但是要學會審時度勢，要看清你想要越的權力是操控在甚麼人的手中，這個人是可以允許屬下越權的人嗎？

第三，是對上司決定的不滿。在職場中，員工作為具體執行人，執行的是公司的決策和上司分派的任務，但是，不是每一個決定我們都心甘情願去執行，這其中會夾雜着很多我們的個人觀點，我們會因為自己的想法而排斥我們將要去執行的事情。然後以 "越權" 的形式來反對。這種越權是可怕的，不要輕易憑藉自己的想法而否定別人，對上司更是如此，你有設身處地地站在上司的角度想問題嗎？有具體分析事態的發展情況嗎？有嚴謹面對問題的態度嗎？做不到這些，你所看待問題的角度肯定是片面的。如果這些你都做到了，仍然不同意上司的決定，可以去選擇當面談，說出你的建議，如果你的建議確實比原來的好，也會被接受的。

所有的越權行為無外乎這三點原因，只要我們在工作中不斷地總結自己，積累經驗，以嚴正的心態要求自己，凡事多想團隊利益，而不是自己的利益，那麼，我們就可以做到不去越權或者合理越權。

搞清楚團隊內部的組織結構

阿文進入一家大公司，從事他喜歡的工作，他躊躇滿志希望能大展拳腳，有所作為。阿文每天兢兢業業地工作，每件事情都會做得很到位，還時常主動加班，也樂於做些額外的事情。同事都說阿文工作很好，上司也對阿文很器重，在同事眼裡，他們部門要是有人升遷，肯定是阿文。但是，阿文有個最大的不足之處，就是不善交際，只知道埋頭苦幹，對於人情世故不是很通達，這是他後來自己總結的時候說的。

一天，部門主管讓他去另一個分公司送一份文件，以前都是部門裡的阿德去送材料的，但是阿德臨時去了別的地方，所以就讓阿文去送。按正常情況，來回一趟也就一個小時，可是阿文卻因為道路不熟，到了地方對人也不熟，過了兩個多小時才回來。主管以為他早回來了，還想安排另一件事，可是卻找不到人。主管等了一個小時，不見他回來，就安排了一個新來的員工。後來他們部門不管做甚麼大事都安排別人去，而阿文就是一天對着電腦，還是好好工作，但漸漸地他發現自己變成部門的後勤人員了。

阿文因為一次送文件不及時，就失去了向上發展的時機，可見，了解清楚所在職場環境是多麼重要。如果不了解清楚職場的環境，我們就像是蒙着眼睛走路，隨時都有可能碰壁。所以，我們不能忽視團隊內部的組織結構，因為我們也是這個組織中的一員。

　　每個團隊內部，都有一個組織體系，無論人員如何流動，組織結構永遠不變，所謂“鐵打的營盤，流水的兵”。我們在進入任何一個團隊之前，都要先搞清楚其組織結構、人員構成、人員分工等。也就是說，不光要知道這個團隊內誰是總負責人，還要知道下面的各個部門、具體分工、具體負責人，最好還要知道人員的流動，以及人與人之間的複雜關係等。搞清楚這些有利於開展工作，如果不清楚這些，只是一味地埋頭工作，那麼，這些潛在的不確定因素就會成為工作中的威脅。

　　有人會問，我應聘的是一個職位，只要做好本職該做的就行啦，幹甚麼還要管其他那麼多呢，那些事情和我有甚麼具體關係呢？其實，**職場是一個充滿了人情交際和工作流程的地方**，我們每天到公司要做的是工作，可是任何工作都是由人完成的，真正想完成好工作，首先是要釐清同事間的關係，而要釐清同事間的關係，關鍵就在於能不能先解析清楚團隊內部的人事組織結構。工作背後的很多東西都是隱含的，平時不表現出來，但是一旦表現出來就往往被擴大化了。說白了，一件在生活中可能無關緊要的事，但是到了職場裡，可能就是決定未來的事情。

正確處理團隊內部的不同信息

阿強在一家工廠工作兩年多，他工作敬業，很想得到提升，但苦於一直沒有機會。這段時間有消息說老廠長要被換下去了。大家都認為無風不起浪，所以消息是真實的，一時間工廠裡員工人心浮動，都開始各施各法。原來和老廠長關係好的，現在都想辦法打聽哪位是接任的廠長，給自己留有後路。而原來和老廠長關係不好的，現在則開始不把老廠長放在眼裡了，不聽安排。但是，阿強頭腦冷靜，認真分析消息的真實性，他想：老廠長不但沒有過錯，相反工廠的效益還很好，而且老廠長口碑也很好，現在還有一個前景很好的項目正在實施中，怎麼會在這個時候輕易換人呢？經過分析後他相信了自己的判斷：老廠長不會被換掉。

一天晚上，阿強第一次到老廠長家裡探望，平時老廠長家總是賓客盈門，但是最近卻門可羅雀，老廠長心裡很不是滋味。這次阿強的到來，令老廠長很開心，留他到很晚，和他聊了關於工廠建設、人生方向等。半個月後被證實消息是假的，老廠長不但沒有被換下去，還得到了進一步重用。老廠長的位置穩固後，做的第一件事就是改組領導層，穩定全廠的凝聚力。阿強獲得了提拔，再也不像從前那樣求告無門，而是有了施展拳腳的機會和空間。

在職場中，我們常常會聽到各種各樣的消息，有的是積極的，有的是消極的，還有的是兩者皆有的，這就要求我們要認真分析出這些信息，不能簡單地只看信息表面，認為積極的信息就一定對自己有利，而消極的信息就一定對自己不利，一些看似和自己沒有關係的信息，就不予理睬。那麼，應該怎樣去正確理解、處理這些不同的信息呢？

首先，要冷靜對待，越是吸引人的消息就越要保持冷靜，認真辨別。不要馬上就表現得像晴天或雨天一樣；其次，要學會根據自己的分析判斷，辨別消息的真偽，得出自己的結論；第三，根據自己所得的結論做事，這樣不但不會被虛假消息所蒙蔽，還可以善加利用它來為自己服務。

對於一些表面看來可有可無的信息，是不是就該置之不理呢？或是認為與我無關呢？其實不是這樣的。現在是信息社會，信息最珍貴，任何信息都是有價值的。我們要睜開慧眼，在一些看似無用的信息裡提取到對有用的東西，往往一些讓人驚異的事情，讓人感覺神奇的事物都是在無意間被有心人發現，並實踐出來的。所以，要處處留心身邊的信息，多去挖掘信息深處的東西，這樣才會為自己多找出一些展示的機會，成功的機會也會更大一些。

15

第 15 話

團隊中的發音藝術

測　試　　傾訴對你來說是一件難事嗎？

　　有人會說，傾訴不就是跟別人說話嗎，有甚麼難的？但是要在心裡很痛苦的時候，向別人訴說這些痛苦，卻不是一件容易的事，這好比是在揭自己的傷疤。下面，我們通過一個測試來看看傾訴對你來說是難事嗎？

題目：看電視劇時，觀眾會隨着情節的深入，表現出和劇情相同的喜怒哀樂，在這個過程中，觀眾是聆聽者。那麼現在讓我們用反向思維的方式，通過聆聽看看我們是否善於傾訴、是否願意傾訴。

1　有四部電視劇需要你都看完，但是順序自定，你會選擇甚麼樣的順序看完？

　　A《流星花園》《射雕英雄傳》《大時代》《鑒證實錄》

　　B《射雕英雄傳》《鑒證實錄》《大時代》《流星花園》

　　C《大時代》《鑒證實錄》《射雕英雄傳》《流星花園》

　　D《鑒證實錄》《射雕英雄傳》《流星花園》《大時代》

2　劇情是非常搞笑的，你是否也會跟着大笑呢？

　　A 肯定會的，憋不住

　　B 想笑，但是會掩飾

　　C 一般不會笑，除非特別好笑的

　　D 不會笑，電視劇演的都是杜撰的

3　電視劇類型有好幾種，你一般喜歡看哪種類型？

A 青春偶像劇

B 武俠劇

C 刑偵劇

D 歷史題材劇

4 看完一集後，你會順着劇情想下一集要演甚麼嗎？

A 不會，明天繼續看就好了

B 太有吸引力的會想

C 電視劇剛演完時會想，但是過一會就不會想了

D 一直都會想着，直到明天接着演的時候

5 你看電視劇主要注意劇情，還是裡面的演員？

A 演員，看電視劇一般只看自己喜歡的演員演的

B 都注意

C 跟着劇情走，不看演員

D 根本不注意演員，只看劇情，而且還會在心裡想像另外
   的一個劇情

6 你曾經嘗試過要自己寫個劇本嗎？

A 從來沒有過

B 偶爾有過，但是僅限於想

C 曾經寫過一半

D 寫過完整的，但是沒和別人說過

7 如果，看了一部很好的電視劇，你會想像自己是裡面的一個角色嗎？

A 不但會想，還會和朋友說話時以玩笑的口氣說出來呢

B 總是會想自己也是劇中的角色

C 自己很希望成為的人，如果和劇中人物很像，就會想

D 從沒想過

8 如果白天看過劇情很好的電視劇，晚上睡覺時會做和劇情差不多的夢嗎？

A 根本就不做夢

B 醒了記不住

C 做夢，但不做和電視劇有關的夢

D 會做

9 有一天，你在路上遇到一個知名大導演，他說你很適合出演一個新劇的角色，這時你的反應是？

A 欣喜若狂，馬上要來導演的聯繫方式，問清楚試戲的時間和地點

B 心裡也很激動，但是故作冷靜

C 先看看是不是在做夢，然後要求請導演吃飯，再細談

D 動心是動心，懷疑多過開心

10 你答應了這位導演去演戲，到了拍戲的地點後，看到有大

牌明星正在拍戲，你會怎麼做？

A 激動萬分，想一切辦法也要和這個明星搭下戲

B 你會等這位明星演完了，就先要個簽名，再照張相

C 先在旁邊看着這位明星演戲

D 看看自己要演的戲，認真準備

11　電視上播出了有你參演的電視劇，你會看嗎？

A 當然要看，還要拉上親朋好友一起看

B 一定會看的，自己的處女作嘛

C 不敢看啊，但是偶爾會看一小會兒

D 不會看的

12　播出後，這部電視劇收視率不好，而且對你飾演的這個角
色評價更不好，你的反應會是怎樣的？

A 不在意這個，一直陶醉在演戲的欣喜中

B 跟導演通電話，表示自己以後會不斷努力的，希望導演
還能給你機會

C 盡量聯繫一下別的導演，看看能不能有其他的戲可演

D 再也不演戲了，反正以前也沒想入這一行

結果分析

（選 A 得 1 分；選 B 得 2 分；選 C 得 3 分；選 D 得
4 分）

0～12 分：你是一個心裡藏不住事的人，傾訴對你來說
就像家常便飯一樣，即便是沒有甚麼心理壓力的時候，你也會
對別人滔滔不絕，你一般都是在不經意間就對別人訴說完了，
而且說完以後很快就一身輕鬆了。但是，建議以後還是要在心
裡留些事情，不能甚麼事都和別人說，那樣就失去了對自己的
保護。

13～24 分：你是一個情緒化較重的人，正常的時候，你
不會對別人說任何事情，做事也非常理智，但是只要來了情緒
就甚麼都不顧了，任何事都會往外說，毫無顧忌，直到將自己
的情緒發泄完為止。所以，傾訴對你來說不是難事。但是，要
多注意情緒化太重的問題，不能甚麼事情都跟着情緒走。

25～36 分：你對說話分寸的把握很到位，知道甚麼該
說，甚麼不該說；甚麼時候能說，甚麼時候不能說；對甚麼樣
的人可以說，對甚麼樣的人不可以說。所以，說話對你來說就
像一門藝術，傾訴是你和人交流的一種方法，運用起來駕輕
就熟。

37～48 分：你是一個不善言辭的人，傾訴對你來說是一件很難的事。基本上，你都會把事情藏在心裡，再難受也不會對別人說。建議：不要讓自己太過壓抑，該傾訴的時候就要說出來，這樣可以讓自己得到一定的放鬆，人只有在放鬆的時候，才會把事情看得更透徹。

學會傾聽和傾訴

　　職場就是一個和各種聲音、各種表情、各種信息打交道的場所。我們不但要聽別人說，還會思考別人說出的話，更重要的是我們自己也要說話，並且說出的話也會被別人思考。別人說出的話，有些令我們回味無窮，不時就會回想起來，而有些話卻叫我們生厭，再想起來會更覺得厭惡。同樣我們說出的話會留給別人甚麼樣的感覺呢？是讓人回味呢，還是讓人生厭呢？同樣的事情，怎麼才能既要表達得簡潔清楚，又能有藝術感？只有說出有藝術感的話，才能讓對方覺得溫馨，不咄咄逼人，值得回味。

　　要想把話說好，第一要學會聽，聽明白他人的意思，才能更好地表達自己的意思，不至於和別人南轅北轍，說出風馬牛不相及的話。第二是要讓別人說。學會引導別人傾訴，這樣既能了解別人的內心，也能拉近和別人的距離。**說話可以表現出一個人的性格，我們要學會通過說話來表現出自己獨有的個性。**第三，要學會傾訴，傾訴對自己是好事，對別人來說也可以多了解你一些，不要把自己隱藏起來，人是活在人群中的，不能把心和別人隔離得過遠。只要做到選對時間、選對傾訴對象就可以了。

存在 "幻聽"，聽錯聽差聽少

　　三國時期，赤壁大戰後，劉備佔據荊州拒不歸還東吳，孫權派魯肅為使幾次討要未果，最後派來諸葛亮的大哥諸葛瑾來討要。礙於諸葛瑾的情面，劉備和諸葛亮不好當面拒絕，就推說歸還荊州我們沒有意見，只是荊州乃關羽駐守，還要關羽同意才行。諸葛瑾怕去了關羽不應，就要求劉備手書一封，由他帶給關羽。當諸葛瑾到了荊州後，滿以為這回有了劉備的書信，討要荊州應該沒問題了，可是到了荊州，關羽見信後，仍然不歸還，並說："大哥和軍師在信中並未說明具體歸還的時間，沒有具體時間就無法歸還荊州，還請先生返回，待我和大哥軍師商量後再行定奪。"說罷就對諸葛瑾下了逐客令。這招巧用"幻聽"收到了很好的效果，不僅保住了荊州，還保全了劉備和諸葛亮的臉面。

但是，同樣還是關羽，也因為"幻聽"丟了性命，這次的"幻聽"是拒納忠言。劉備出岐山北伐中原，獲得大勝，來信通知關羽，關羽大喜，決定發兵，從襄樊北進，兩面夾擊曹魏，一舉得勝匡扶中原。謀士馬良諫言要關羽多多提防東吳，關羽置之不理，說襄樊幾日便會攻下，到時東吳不敢輕動。可是，戰局出乎關羽意料，襄樊雖然順利攻佔，但是樊城卻數日不克，此時東吳用陸遜出任大都督。陸遜足智多謀，給關羽寫信示弱，說自己乃一介書生，不懂軍事，只因大都督呂蒙染病，自己只是暫代其職，望關將軍不要生疑。關羽看信後大笑，說："東吳真的是無人可用了，派了個乳臭未乾的書生當大都督，看來荊州無憂了。"遂派人回荊州調來留守的2萬精銳，助攻樊城。馬良等屬下力諫，說東吳不可不防，陸遜不是等閒之輩，可是關羽一概都聽不進去，認為自己的智謀韜略肯定勝過東吳眾將。最後終於導致荊州空虛，被陸遜乘機襲取，關羽也落得失荊州走麥城的下場。

這裡的 "幻聽" 不是病理學上的意思，而是說在和人交談或者偶爾聽到一些小道消息時，會有聽錯了、聽差了、沒聽全的時候，導致產生歧義甚至誤解。當我們遇到 "幻聽" 的時候，**切忌根據自己聽到的一知半解，對事情和他人過早下結論，草率地去做決定**。比如上面故事中，同樣是關羽，因為選擇性的 "幻聽" 做出了拒還荊州的正確決定，也因為選擇性的 "幻聽" 做出了失荊州的錯誤決定。其實，無論是甚麼事情，都有其兩面性，都不能拘於一方，我們要學會的是為即將發生或已經發生的事選擇恰當的處理方式。

還有的 "幻聽" 是故意為之的，拒絕聽一些不利於自身的言論，心理學研究表明：人都有 "趨向性視聽"，就是對自己很感興趣的，對自己有利的，很喜歡多看多聽，而對自己不好的，如不感興趣的、反感的、討厭的，以及批評、抱怨、誤解、誣陷等都會報以排斥的態度，會選擇性地放棄去看去聽。俗話說 "忠言逆耳利於行"，一些不好的話，看似是在侮辱的話，但是對於我們來說同樣也是鞭策，最好的應對辦法不是排斥，而是要聽進心裡去，努力改正不足的地方，這是對那些不利於我們的言論最好的回擊。既無聲地回擊了他人的言語攻擊，又提高了自身的修養素質。

說得多不如聽得準

日本經典動漫《名偵探柯南》裡有一集，毛利小五郎和前妻妃英理、女兒小蘭、柯南和另外的幾個人在酒店裡吃飯，席間有位女士說不勝酒力回房間，小五郎想和人家搭訕，也跟着去了，可是由於喝了很多酒，到了這個女人的房間，小五郎就倒在床上睡着了。等到他被人叫醒的時候，屋裡已經站滿了人，有當地警方、妃英理、小蘭、柯南和這個女人的朋友，而這個女人已經倒在地上死了。

迷迷糊糊的小五郎問大家是怎麼回事，警察對他說："他們接到酒店報案，說服務生來給這位小姐送咖啡，到門前發現門沒鎖，但是裡面掛着鏈鎖，他從門縫看到這位小姐倒在地上。隨後酒店工作人員和這位小姐的朋友一起上樓，把房門打開，發現這位小姐已經死了，而當時在床上呼呼大睡的毛利先生—— 你，就成了最大嫌疑人。而我們警方到達後經過勘查也認為你最有可能殺人。"毛利小五郎聽完當然不承認，因為他確實沒有殺人，可是他卻沒有證據，甚至都記不清自己當時的情形。一切都對小五郎極為不利，妃英理、小蘭和柯南都認為小五郎不可能是兇手，極力為他申辯，但是警方只能照章辦事，如果誰有異議，就到警局去做進一步調查。此時，小五郎開始和妃英理產生矛盾，不斷挑妃英理的毛病，最後直到要趕她走，妃英理極為氣憤，聲言不再管小五郎的事情，拂袖而去。

其實，妃英理深解小五郎之意，她不能到警察局去，那樣就沒人幫小五郎查明真相了，而吵架只是想讓真正的兇手放鬆警惕而已。

人們常說，凡事要多聽少說、多想少說、多做少說，無非是告誡大家，要想把事情做好，要先聽，再想，最後再做。所以，聽是第一位的。但很多時候，我們聽完別人講話以後，就不假思索認為自己聽明白了，可是在日後做事的時候還會做得不到位甚至做錯。這是為甚麼呢？其實，正如俗話所說，"會說的不如會聽的"，**聽別人說話要聽出對方的弦外之音才是最重要的**，這樣才能揣摩出其中真正的含義，才能做到真正地會聽，聽得準。

在不同情況下，說話者相互溝通的目的是不同的。一是以描述客觀事實為主，比如在工作中，向別人解釋某一件事情的具體內容；或者向客戶介紹新產品，這是根據客觀上已有的事情來進行描述。二是描述主觀意識為主，比如向上司闡述自己的某個觀點，這是以主觀意思來向他人說明事情。三是以情緒發泄為主，比如向朋友或家人表達喜悅、憤怒等，這時注重的是表露情緒，而不是說話的內容。通常在說話時，這三個方面會有所側重，主要強調某一個，而另外兩個會處於從屬地位。

在聽別人說話時，傾聽者不是被動地接受，說話者說甚麼就信甚麼，而是要在收集到的直觀信息基礎上，根據自身的經驗和思考，加以分析整理，對說話者所傳遞的內容形成自己的看法，從而形成自己的判斷。一個好的傾聽者，能夠認清說話者的真實目的，準確理解說話者要表達的信息，從而使相互交流的通暢、有效。只有真正地聽懂，雙方才能在同一個平台上對話，才不至於雞同鴨講，對牛彈琴。

在職場中，很多時候，聽到的話都是有兩重意思的，必須要刨開外衣看本質。這個過程有時比較艱難，因為耳朵能聽到的話，大多都是比較悅耳的，是容易接受的。可是，內涵呢，往往就不是令人愉快的，很多是讓人感覺不舒服的，甚至是難以接受的，可是不管怎樣都必須這麼做，只有先聽後說，聽得準、聽得深，然後才能說得巧、說得好。

如何讓對方愉快地傾訴

生活中當我們看到有人愁雲密佈，唉聲歎氣時，就知道他肯定是遇到麻煩事了，如果是我們的好朋友，首先要知道他究竟發生了甚麼事，進而給予勸解、幫助。那麼怎樣才能讓對方心甘情願地向你傾訴呢？畢竟每個人都不希望自己痛苦的一面暴露在別人面前。

首先要做到的是關心。如果你是真心關心別人，那麼對方一定能感受到你的真誠。關心不是簡單地吃頓飯、聊聊天，而是要從內心深處去關懷，在朋友心情不好的時候，你能遞過一杯熱水；在朋友流淚時，你能靜靜地坐在身邊；當朋友因為工作繁重留下來加班時，你能主動留下來一起加班，幫忙分擔。靜靜地等待，默默地付出，是關心別人的唯一途徑。等別人釐清思緒，那麼他就會對你吐露心聲。有時候，靜靜地等也是一種關心……

其次是得到信任。想讓別人對你說出心底最隱秘的事情，沒有絕對的信任是不可能辦到的。得到別人信任的辦法是溝通，溝通一定要坦誠，讓對方感覺到你的真誠。可以先從對方感興趣的、感到輕鬆的話題說起。也可以先向對方傾訴你的心事和煩惱，並認真觀察對方有沒有仔細傾聽，如果對方表現出興趣或引發了對方的共鳴，那麼離你的目標似乎就不太遠了！注意在交談中保持適當的距離，不要太過殷勤、積極，盡量創造溫馨和諧的氛圍！這樣，如果對方信任你了，認為你值得依賴，才會說出心裡話。

有一點一定要清楚，當我們在引導別人說出心裡話時，我們所聽到的往往不是事情的全部，而是一部分，因為在每個人的心裡都有潛意識的自我保護意識 —— 不希望別人知道太多，說出來的那部分可以幫助發泄，但是保留的那部分是對自我的保護，那麼要怎樣做才能讓說話者將剩餘的話全部說出來呢？可以根據聽到的現有信息，形成自己判斷的基礎。因為傾聽者有了自己的獨立判斷後，就可以用自己的思維方式來引導說話者的思路，通過問 "為甚麼你會這樣想呢？" "是不是還有別的可能，比如⋯⋯" 來達到進一步交流的目的。

在實際的溝通中，接受說話者的情緒是非常重要的。因為，不管說話者說的是甚麼，當時是否理智客觀，我們要接受他的情緒，表現出同情和理解，這有助於說話者敞開心扉，把自己的心事完整地說出來。這是在心理諮詢中普遍使用的一種技巧 ——"共情"。

準確掌握說話者背後的含義，了解說話者的思維方式，進而影響說話者，實現自己溝通的目的，這不僅可以在工作中幫助你改善與上司和同事的關係，還會在日常生活中幫你創造一個和諧的氛圍。

16

第 16 話

團隊合作的要素與要訣

測　試　你的請求總是能夠輕易被對方採納嗎？

　　在職場中，我們經常會遇到這樣的情況，比如向上級提出請求，批准自己暫時休假一段時間；請求上級更改自己認為不合理的決定；要求公司對產品進行改進……但同樣的請求，有的人很快得到上司認可，有的人卻被無情地駁回，更有甚者，在上司心裡的形象還會大打折扣。這是為甚麼呢？

題目：下面我們就用代表高雅的紅酒來測試一下你請求別人時會不會被輕易接納？

1　就算在冬天，你喝紅酒也會加冰塊嗎？

　　a 不會→ 2（2 表示下一道要做的題目序號，後同）

　　b 會→ 3

2　你喜歡哪種酒？

　　a 紅酒→ 4

　　b 白酒→ 6

3　哪個年代的酒你最喜歡？

　　a 時間很短的→ 7

　　b 時間稍長的→ 5

4　酒喝到一半時，如果對方突然覺得飢餓，你會：

　　a 去西餐廳，吃點西餐→ 6

　　b 停止喝酒，找家飯館去吃飯→ 8

5　你到便利店去，購買準備與朋友一起享用的酒，你選擇的標準是：

a 品牌→ 6

b 酒精度→ 8

6　談話中，當你得知對方原來是調酒高手，你會想：

a 想嚐一下對方調出的酒→ 7

b 想跟對方學調酒→ 8

c 不相信對方是調酒高手→ 11

7　你最希望與朋友一起飲酒的地點是：

a 家裡→ 10

b 酒吧→ 9

c 郊遊時的野外→ 11

8　你飲酒的習慣是：

a 每天都會喝一點→ 10

b 幾乎不喝→ 9

9　你喜歡哪個時間喝酒？

a 下午→ 14

b 傍晚→ 11

c 午夜→ 10

10　你比較喜歡喝哪裡產的葡萄酒？

a 南美→ 11

b 西亞→ 12

c 北歐→ 14

11　和心愛的人一起飲酒時，你希望他的飲酒習慣是：

　　a 大口喝或者一飲而盡→ 12

　　b 淺嚐細品→ 14

　　c 邊喝邊聊，聊多久喝多久→ 15

12　除了和心愛的人一起飲酒，你還會在甚麼場合下喝酒？

　　a 自己一個人→ 15

　　b 跟知己朋友→ 13

　　c 遇到投緣的陌生人→ 17

13　你對酒櫃吧台等與酒有關的器具感興趣嗎？

　　a 非常感興趣→ 16

　　b 一般吧，會看看→ 15

　　c 一點也不感興趣→ 14

14　把各種酒兌在一起喝特別容易醉，然而雞尾酒卻不會，你
　　是否因此喜歡雞尾酒？

　　a 喜歡→ 17

　　b 不喜歡→ 15

15　你喜歡看調酒師花式調酒的過程嗎？

　　a 喜歡→ 16

b 不喜歡看，酒好喝是最主要的→ 17

16 和朋友在酒吧喝酒閒聊，你最希望店裡播放甚麼曲子？

a 委婉的西洋歌曲→ A 型

b 中國古典音樂→ B 型

c 重金屬音樂→ 17

17 你平日喝酒時喜歡晃酒杯嗎？

a 喜歡→ D 型

b 有時會晃→ B 型

c 不喜歡→ C 型

結果分析

A 型：加了雪碧的 Vodka（伏特加）。

你想讓對方採納你的請求不算很難。你的請求對別人來說一點都不是負擔，相反還會讓人有主動幫助你的衝動，其實好多時候你都不是主動說出需要甚麼，就會有人主動上前的。這一切都因為你有很好的人緣，能和周圍人打成一片，平時知道多付出，對人非常熱情。但是，要多注意和同事之間保持一定距離，不能走得太近，不然會妨礙到別人的生活，那就得不償失了。更不要因為自己人緣好，大家都買你的賬就有恃無恐。

B 型：Whisky（威士忌）。

你的請求總會很自然地就讓對方採納了。你請求別人時總會給人一種很幹練的感覺，你會把將要說明的事情在頭腦中整理好，並反覆斟酌，再確定可行後方才實施。當你和別人說時，會用平和的語氣來進行敘述，並且主動闡明自己的觀點，在別人聽來，你已經是成竹於胸了，答應你的請求是勢在必行的事了。

C 型：Tequila（龍舌蘭酒）。

你的請求要想被對方採納會非常困難。你請求別人時總是會滔滔不絕，先以氣勢壓住對方，然後說出你的想法，立刻就要對方答覆是不是同意，搞得對方既氣憤又懊惱。在對方這種思想作用下，答應你的請求就會很困難。然後你會以為自己還是不夠強勢，下一次會更加強勢。求人辦事就不要那麼強勢，不管你說得多麼正確，或者資格多老，都要放下身段，放下架子，既然是對他人的請求，就要有個請求的姿態。

D 型：Brandy（白蘭地）。

你的請求想讓對方採納也比較困難。你請求別人時總是低三下四，認為請求別人辦事就要這樣，這種低三下四的態度會讓人覺得你很可憐，可憐的人就算別人對你同情也只是口頭上的。求人辦事並不是卑賤的事情，不用表現得太過於怯懦，怯懦只會讓別人看不起。

團隊合作要務實

　　團隊中核心的問題就是合作，因為有了合作才產生團隊，合作不僅可以提高工作效率，還可以提高團隊的凝聚力。團隊合作很多時候要像軍隊點兵一樣，"一聲令下如山倒"，不講任何條件，這樣的團隊是有高度凝聚力和行動力的。

　　但是，在工作中我們也時常看到一些人，身在團隊中，首先想到的不是團隊利益，而是自己的利益，因為一點點蠅頭小利就爭來奪去，有難做的事情就推諉扯皮。其實，事情就是那些事情，就擺在那裡，扯皮不解決問題，推脫也躲不過去。而真正要做的是實幹。踏踏實實地把事情做好，不僅僅只對團隊是好事，對自己也是鍛煉和提升，**再艱難複雜的事情都怕"務實"二字。**

拒絕其實是一種常態

　　某公司有數輛貨車承擔貨物的運送任務，每輛車負責一個供貨區的運輸。後來公司業務量擴大，又開發出一個新的客戶，需要增設車輛來進行運輸，由於車輛和司機短時間無法到位，公司決定暫由現有的兩輛車——A車和B車輪流負責。一次，A司機找到B司機說："最近我供貨區的任務量很大，有些忙不過來，看看你的車能不能先多承擔一點？"出於同事間的情面，B司機不好拒絕就答應下來。可是半年過去了，A車也不那麼忙了，卻並沒有承擔起原來應承擔的責任，而B車幾乎全部擔負起了新供貨區的運輸任務，B司機難以應付找到 A 司機理論，可是 A 司機卻說這本來就是你的工作啊……B 司機沒有辦法又到公司領導那裡繼續理論。

這本來是一件不複雜的事情，只要開始時 B 司機能拒絕 A 司機的請求，就不會發生後續這麼多事情了。B 司機本來是想維護同事間的友誼，可是結果卻事與願違。領導埋怨他處事不周；A 司機也不領他的情。

在職場上，很多時候要面對同事、客戶與上司的許多要求，鑒於公司規定或是工作負荷，我們必須要學會拒絕那些不合理的要求。比如，有些員工認為同事們都是同一個公司的，可以相互之間"幫幫忙"，但是在這種幫忙的過程中，就會不知不覺地導致各職能部門界限劃分的模糊。作為一名職場人士，有句話一定要牢記：既要清楚自己作為一名從業者的"職責界限"，更要清楚自己作為一個正常人的"心理底線"。

在拒絕對方時，如果因感到不好意思而不敢當面說明，反而可能令對方摸不清你的本意，產生不必要的誤會。比如，當你語意曖昧地回答別人："這件事似乎很難做得到吧！"這是拒絕的意思，然而卻可能被對方認為你已經同意了，如果到時你沒有做到，就會埋怨你沒有信用。所以，大膽地說出"不"字，是需要相當勇氣和智慧的。當然，在實際的工作和生活中，可以直截了當地告訴對方拒絕的理由；也可以用含蓄委婉的方法拒絕，具體的做法需要根據實際情況區別對待……

如何拒絕他人？在甚麼情況下可以拒絕別人？怎樣做才能使自

己不做違心的事，而又不影響友誼呢？"拒絕" 是人際關係中至關重要的一課。

以下列出四種如何說 "不" 的技巧：

第一，直接拒絕。開門見山先向對方陳述拒絕的理由，可以說自己的狀況不允許，比如時間不方便、能力不足等。這些狀況往往是對方能認同的，因此也能理解你的苦衷，自然會主動放棄再來麻煩你，並且在心裡覺得你拒絕得不無道理。

第二，情感認同。先對對方表示同情，再說明自己的理由加以拒絕。由於先前對方在心理上已經因為你的同情而拉近了距離，所以對於你的拒絕也能以 "感同身受" 的態度來接受。

第三，巧妙轉移。不好正面拒絕時，只好採取迂迴的戰術，最好的方法就是轉移話題，用溫和而堅持的語氣告訴對方自己是絕不會答應的，這樣不至於撕破臉。

第四，沉默無語。有些事情或者有些時候，讓我們覺得開口拒絕對方確實不好說出口，不管心裡怎麼下決心拒絕都無法啟齒。這個時候，肢體語言就派上用場了。一般而言，搖頭是最直接的否定，別人一看你搖頭，就會明白你的意思，也就不用你再多說了。還有一種，就是微笑中斷，當臉上的笑容突然中斷時，就是在暗示你是拒絕對方的。類似的肢體語言還有身體坐姿不正；目光游移不定；頻頻看錶等……

另外，還要注意一點，千萬不能通過第三方去拒絕別人。通過第三方拒絕，只能顯示自己懦弱的心態，而且非常缺乏誠意。

總之，成功拒絕他人的不實之請可以節省自己的時間和精力，還可以免除由不情願行為所帶來的心理壓力。關鍵在於：拒絕前必須將對方的利益放在考慮之內，才能做到兩全齊美。

人們總是願意與自己欣賞的人共事

有一句古話叫"大將保明主，俊鳥登高枝"，做大將的為了能夠建功立業，往往都去投靠自己很欣賞的人。人們都很願意跟自己欣賞的人相處，因為這樣心氣會順，做事也會很耐心，心順加上有耐心才會把事情做好。比如我們願意聽自己喜歡的歌星唱的歌，即使有的歌曲不好聽，也可以耐心聽。又比如水泊梁山的宋江，名聲遠播，很多英雄人物都是只慕其名就心悅誠服了，才能在任何情況下都服從宋江的領導，直至赴湯蹈火。由此可見，只有和自己欣賞的人共事，才會真心地付出心血和汗水。

但是在職場中不可能總遇上自己欣賞的人，更多的是與我們的性格不同、人生觀不同、沒有共同語言的人共事。職場上常遇到這樣的情況：一些人自身能力很強，魄力很大，但擱到一起卻不能共事，往往一人一個主意，一人一種行事風格，很難形成合力，甚至相互抵觸，產生負面效應。那麼我們該怎樣和自己不喜歡不欣賞的人共事呢？

首先，共事能力是個人性格魅力的生動展現。有些人把搞不好團結歸咎於性格不合、職位不同、見解不一。其實，問題的根源在於人本身的修養和境界，人際關係是否和諧源於自身素質的高低，這個素質是綜合性的，不是單指某個方面。就像我們經常提到

的 "木桶效應"，只有每塊木板都達到一定長度，這個木桶才能裝更多的水。試想，一個內心浮躁、性格暴躁、素質不高的人，怎麼會有容人之量、共事之識呢？好的修養決定高的境界，很多時候，當單純的職能作用無能為力時，高尚人格的影響興許會讓事情柳暗花明。

其次，和自己不喜歡的人共事，要能聽取不同的意見。有些不同意見可能比較偏激、不太正確，甚至純粹是一種宣泄和牢騷，讓人聽了不舒服、不自在。但至少可以當作一種參考或警示，讓人更清醒、更謙虛。能夠和個性各異、能力有別、意見不一的人一起工作，沒有高超的人際交往能力不行，沒有寬闊的胸襟更不行。所以，和各種不同類型的人相處，是對自己個人修養和行為能力的鍛煉。

第三，與人共事，要始終想着共同的事，要以團隊利益為中心。共同的理想淨化人，共同的事業凝聚人。將私心雜念和團隊為之共同奮鬥的事業相比，個人的私心雜念就會顯得渺小。將不滿和不快與團隊為之共同追求的理想比，個人的情緒也會更快煙消雲散。如果，總是陷在 "小我" 泥潭裡，哪來心思共事，哪會有心胸來寬容別人？相反，如果圍繞共同理想謀事、幹事，則會心無旁鶩。古語云："千人同心，則有千人之力；萬人異心，則無一人之用。" 只要心往一處想，勁往一處使，就沒有甚麼分歧不可以化解，沒有甚麼委屈不可以消融，沒有甚麼難關不可以渡過，沒有甚麼業績不可以創造。

合理地利用階段性衝刺效應

世界第一高峰——珠穆朗瑪峰是所有登山者心中的聖地，目前已有 5000 多人次登上珠峰，還有很多登山愛好者不止一次登頂過，但是 8000 多米的世界第一高度是怎樣一次又一次被征服的呢？難道是人們從山腳下就開始一路向上攀登嗎？中途沒有休息嗎？不用做相應的供給補充嗎？當然不是，登珠峰是極度艱苦和危險的，如果沒有很好的體能做保證，是無法完成的。

中國為了保護各國登山者的安全，不惜用重金在從海拔 5200 米到海拔 8300 米之間的地帶，設立了永久與臨時相結合的七座營地，這些營地為登山者提供休息、飲食、治療、更換和補充裝備、天氣預警等服務，保證能為每一位登山者的體能進行補充。而且還可為登山者在無形中設定短期目標，他們可以以每個營地為目標，每到達一座營地就離最終目標更近了一步。

後來採訪一些登山者時，他們也都是這麼說的："登山的途中是很艱苦的，每走一步都要付出很大努力，而心裡也是很痛苦的，登山的過程就是和自己意志的較量。如果只是想目標是珠峰，那麼中途可能就會崩潰，因為太難了。但是每當很累的時候，想到離下一個營地不遠了，堅持一下就到了，反倒會讓快消耗殆盡的體力，又多了一些勁頭。"

試想一下，如果沒有這些營地，登山者將從 5000 米就一直向上，沒有任何補充和休整，登山者的生命能得到保障嗎？還會有如此多的人堅持到底，登上珠峰嗎？所以，中途的休整是必不可少的。我們在平時也要學會在繁重的工作中調整自己的體能，這樣既可以做好眼下的工作，還能有精力迎接後面更大的挑戰。

很多勵志書籍和勵志教學中都提到，**要把人生的目標設定為長期目標、中期目標、短期目標**。因為人生漫長，長期目標過於遠大和久遠，所以要制定中期目標，為具體的事和某個階段設定目標，而短期目標一般都是把每天作為一個單元，來具體實施計劃。任何長遠的目標都是由數個小目標集合而成的。

在職場中也應是這樣，要為工作分出階段，然後做好每段工作。工作是由不同的小單元組成的，有時如果不把各個小單元分清楚，不但會影響工作效率，也會影響工作思路。

長期目標可以讓人有明確的目標，長期的動力，為目標帶來持久力；而短期目標可以讓人對所做的事情分類處理，給目標帶來爆發力。就像馬拉松運動員一樣，他們會為馬拉松全程設定幾個目標，在行進過程中想的只是下一個目標點，而目標點中間的路程，他們都會看作是短程的衝刺階段，會在心裡不停地告訴自己，目標就在不遠處，要盡快到達。馬拉松運動員設定的短期目標，就是運用了心理學上的 "階段性衝刺效應"，我們在工作中也要多采用這種 "階段衝刺效應"，為自己的工作分工，也為自己的心靈分工，把雜亂繁重的工作變成簡單的階段性工作，這樣會給自己的心多留出一些時間和空間。

心好，薪才好

- 挖掘推動你事業的內在力量
- 關注自己的工作心理
- 提高逆商（AQ）成大事
- 確定目標，事業有成

在職場中，我們邁出的每一步都是在為未來做鋪墊。只有具備良好的工作心理，愛工作更要會工作，才能在工作中遊刃有餘，令自己的"錢途"和前途走得更加的順利。

下面，讓我們共同來完成這份職場思維進階攻略吧！

17 第 17 話

挖掘推動你事業的內在力量

測　試　　　工作不順利時你會怎麼做？

　　職場上難免會遇到工作不順利的時候，這個時候我們應該怎麼做呢？要怎麼才能把工作上的不順利盡快地扭轉過來呢？

　　題目：一個人最重要的兩個地方就是家和公司，公司是我們平時待的時間最長的場所，而家是我們的棲身之地，通過家可以很準確地反映出我們在公司的情況。那麼，我們就來測試一下，在家裡遇到不順心事情的時候，會是怎樣的情景？也進一步來分析一下工作不順利的時候我們該怎麼做？

1　家務活裡你最不喜歡幹的是哪一件？

　　A 洗衣服

　　B 刷碗

　　C 擦地

2　邀請客人來家裡吃飯，並且客人會帶孩子來，你會把家裡一些易碎的東西放起來嗎？

　　A 當然會，小孩子總是亂動東西

　　B 貴重的會放起來

　　C 不會，那樣對朋友不尊重

3　客人的小孩在吃飯時，突然把一碗湯撒到你剛買的地毯上，你當時的反應是：

　　A 心情會很糟糕，會表現出不高興的樣子，然後會盡快結

214

束這次招待

B 會忍住不高興的心情，但是還是要想辦法快點讓朋友
離開

C 也會心疼，但不會很在意，畢竟朋友是最重要的嘛

4　朋友走後，你會怎樣處理這塊地毯呢？

A 扔掉吧，無法清潔乾淨了

B 採用所有方法，盡量清潔好，剛買的不能扔掉

C 簡單處理一下就行，踩在地上的不用太在意

5　以後再遇到這位朋友時，你會對他提起關於這塊地毯的事
情嗎？

A 不會直接提，但至少要讓他知道

B 不會提起了

C 已經忘了

6　一天，你心情很不好地回到家，但是看到家裡還有家務事
要做，你還會繼續做嗎？

A 心情不好，明天再說吧

B 先做些必要的吧

C 繼續做，明天還有明天的事情呢

7　你剛剛把家裡的衣服整理得很齊，家人就回來找衣服，因
為着急又把衣服弄亂了，此時你會發脾氣嗎？

A 當然會

B 不會，但是會警告一下

C 不會，畢竟是着急嘛

8 如果家人做飯不合你的口味，你會怎麼做？

A 不吃算了

B 還是會吃一些的

C 沒甚麼大不了的，照吃不誤

9 一天，你想為家人做頓飯，可是卻怎麼都做不好，你還會
繼續做下去嗎？

A 不會了，以後練好了再說吧

B 只做一個自己覺得還不錯的，繼續做完

C 會做下去，因為家人是不會挑自己的

10 有一天，你在家裡發現你的錢變少了，你怎麼找也沒找
到，此時你會怎麼想？

A 一定是家裡的哪個人拿走了

B 是自己花掉了，忘記了

C 看來是我自己弄丟了

11 樓上鄰居家的人總是回來得很晚，打擾到你睡覺，你會怎
麼做？

A 去找樓上的鄰居，讓他們以後注意，並且也告訴別的

鄰居

B 上樓去找鄰居反映，讓他們以後多注意

C 不去找了，習慣就好了

12 隔壁裝修房子，好些天還沒有結束，你會怎麼做呢？

A 去問問鄰居甚麼時間能結束，讓他們盡量快一些

B 先到親朋家住些日子吧

C 忍忍算了，總會結束的

結果分析

（選 A 得 0 分；選 B 得 2 分；選 C 得 4 分）

0～16 分：你很容易受到不順利事情的影響。在生活和工作中的每一點不順心，都會讓你感覺心煩意亂，不能自我調節過來。如果你在工作中有不順利的事情，那麼會被這種不順利牽絆很久，以致以後很多本該順利的事情，也因為你的心緒問題而變得不順利。建議，以後要學會多調節自己，讓承受力變得強大起來，盡量少被不順利的情況牽制住。

17～32 分：你在開始時會受到不順利事情的影響，但是你的自我調節能力比較強，會不斷地調整自己，排遣心中的煩悶，讓自己盡快地從不好的情緒中跳出來。但是，由於開始時

217

還是會受到不順利事情的影響，所以還是會讓你做出一些不恰當的事來。建議：以後還要多增強對不順利事情的抵抗力，力爭從開始就不受到影響，那樣對你的事業會有更大的幫助。

33～48 分：你是一個心理承受能力很強的人，對不順利的事情具有免疫力，所以對你幾乎沒有甚麼影響。你把工作上的不順利，都當成了是你應該承受的歷練，並且努力戰勝。

主動挖掘內在潛力

　　內在力量就是不為我們所知的內在潛力，它不同於普通的潛力。普通潛力只是隱身於自身素質的表象下，多數時候能被自己發現。但是內在潛力則是隱藏在潛力裡，甚至隱藏在我們的缺點中，輕易不會被自己發現，有時即使有所察覺，也往往因為自身的一貫性而被忽略掉，還有一些則是因為和缺點交織在一起，而被我們刻意地丟棄。發掘潛力是主動為之的，而發掘內在的潛力，卻是被動的，有時甚至是被逼無奈的。

　　那麼，我們怎麼做才能主動地發掘出自己的內在力量，而不是被動呢？其實，方法很簡單，**就是用不斷地承擔來持續完成對自身的發現，再做出積極的改變**，這樣就會在潛移默化裡挖掘出自身的內在力量。如果我們把成功比作一條龍，那麼學問、閱歷、經驗是這條龍的軀體，潛力是龍的眼睛，畫龍點睛才能賦予這條龍生命，內在力量就是龍的靈魂，同時也是人的靈魂，如果不挖掘出靈魂，就算是有生命，也不會有好的前途。

讓積極的自我暗示助力事業發展

　　美國著名影星夏里遜福（Harrison Ford）年輕時英俊迷人，他的夢想就是成為荷里活明星，經過努力，20 多歲的夏里遜福確實演了幾部電影，但都是配角，而且都反響平平。七八年的荷里活闖蕩沒有甚麼成就，夏里遜福萌生了轉行的想法，打算去做一份自己力所能及的工作。在消極心態的影響下，夏里遜福的演藝事業就更加暗淡了。在他即將要轉行之際，一次拍戲的意外中，夏里遜福的臉被劃出了一條長長的傷口，從醫院回到家的夏里遜福，心情沮喪極了。整天窩在家裡不出去，有一天，夏里遜福在電視上看到一個節目，在介紹美國已故總統羅斯福，他被羅斯福說的一句話所震撼："上帝的安排總有他的道理，他奪走了我身體上的自由，卻無法奪走我思想上的自由。"夏里遜福想：是啊！人不能被眼前的挫折所擊倒，一件不好的事情後面，不一定都是不好的，肯定會有好的事情在後面，自己要積極去爭取。

第二天，夏里遜福就重新回到了他原來的演藝生活，認識他的人除了對他問候和關心外，沒有對他的臉產生任何的異議。夏里遜福覺得心情很輕鬆，此時他聽說年輕導演佐治魯卡斯在導演一部校園畢業電影《美國風情畫》，夏里遜福自薦而去，沒想到被佐治魯卡斯看中了，並飾演了其中的一個角色。這部電影大獲成功，夏里遜福雖然只是一個小配角，卻被導演佐治魯卡斯記在心裡了。同年，佐治魯卡斯導演一部大片《星球大戰》，邀請夏里遜福當主演，夏里遜福也因為此片大獲成功，從此一舉奠定了荷里活巨星的地位。後來，佐治魯卡斯對夏里遜福說："讓你來做主演，就是看到了你臉上的疤，它讓你很有男人味。"

在消極心態的作用下，夏里遜福覺得自己一無是處，當不了演員；而在積極心態的作用下，臉上有了一道疤的夏里遜福，卻決定勇往直前，堅持下去。消極的心態差點毀了演員夏里遜福，而及時的調整、積極的心態則成就了巨星夏里遜福。

　　事業要有更好的發展，過硬的心理素質是核心，良好的心態是關鍵。心理素質的強弱不是靠成功的事情來逐步提高的，相反是靠不斷的挫折和失敗磨煉出來的。但是，挫折和失敗是很打擊人自信心的，如果不斷地遭受挫折和失敗，就容易把人的信心打擊到消失殆盡。那麼我們該怎樣抵禦挫折和失敗的打擊呢？**最好的方法就是：積極的心理暗示**。積極的暗示不僅能調節好心態，還能增強自己的勇氣，心態和勇氣的改變，則會逐步鍛煉出過硬的心理素質。只有在工作中不斷地磨煉自己，才能使自己的心理承受能力逐漸得到提高。

　　心理暗示有着不可抗拒和不可思議的巨大力量。不同的心理暗示會形成不同的意識心態，而不同的意識與心態又會有不同的心理暗示產生。心理學家普拉諾夫認為：暗示能使人的心境、興趣、情緒、愛好、心願等方面發生變化，從而使人的某些生理功能、健康狀況、工作能力發生變化。人們常說："心態決定命運"，正是以心理暗示決定行為這個理論為依據的。你約好的星期天要和朋友出去玩，可是早晨起來卻下雨了。這時候，你會怎麼想？你也許會想：倒霉！下雨天，哪兒也去不成了，本來可以出去的，現在要悶在家裡真沒勁；可是如果你這樣想：下雨了，也好，今天在家裡可以看看書，聽聽音樂，寫點東西，也很不錯。這兩種不同的心理暗示，會給你帶來兩種不同的心情和行為。

　　積極的自我暗示就是用積極的想法和語言不斷告訴自己，要樂觀，不要放棄，在內心裡認為自己正在進步，會愈來愈好，相信自己一定能夠成功。通過自我安慰、自我激勵克服悲觀、沮喪的心

情，使人精神振奮。學會這種積極的自我暗示對於激發人的潛能和
鬥志具有很大的作用。積極的自我暗示可以誘導和修煉出積極的心
理狀態，形成良性循環。而消極的自我暗示會抹殺個人的判斷和自
信，使人的生活在失敗的心理陰影中不能自拔，垂頭喪氣、自暴自
棄，引發出消極的心態和自卑意識，形成惡性循環。

我們每個人天生都有害怕的東西，有個朋友很怕下水井蓋，生
怕掉下去。為此他也很苦惱，終於有一天，不堪其累的他想："男
子漢怕甚麼區區井蓋！" 鼓勵的話，確實起到了作用，他站在井蓋
上講一遍，跳一次，一共跳了十遍，結果這種緊張消失了。這種
積極的心理暗示創造了不大不小的一個奇跡，能讓人克服天生的恐
懼感。

主動調節心情，讓事業一帆風順

心情就是心態，它們是一體的。現實中不可能出現：一個心情
不好的人，會有很好的心態；而一個心態不好的人，心情會好。心
情不好時，往往心裡都充滿着憂鬱或者傷感或者憤怒等諸多情緒。
這時在這個人身上表現出來的心態是很不穩定的，波動極大，一點
點小事就可能導致心態的失衡，做出一些不該做的事情來。

心態是否良好，能反映出一個人的價值觀。我們常說，某某人
心態不好，往往就是指這個人的價值觀不正確，想要得到的太多，
又怕失去自己現有的，得失觀念嚴重失衡。一個整天想着要得到甚
麼的人，他的人生永遠是不知足的，看人的眼光總是偏激的，認為

別人得到的都比他多。在這種態度的影響下，心情又怎麼會好？那麼息息相關的兩者，哪個佔主導地位呢？答案是：心態決定心情。好的心情只能決定一時 —— 讓人快樂一時，卻不能改變心態；但是好的心態卻能決定一世，能改變人的心情，能隨時決定人的心情變化。

在生活中常會看到不同家長在教育孩子時方法不同的情況。比如有的家長和孩子說："不要跟某某同學一起玩啊，他學習不好。"可以想到，家長在說這句話的時候，心情不會好，孩子聽到這句話，心情也同樣不會好。家長在意識裡，把好的和壞的用成績來衡量，這是很片面的，片面的意識帶來片面的心態，而這種片面心態傳遞給孩子們的信息是不健康的，是自私的。而有的家長就告訴孩子："要多和同學們團結，每個人都有好的地方，要多向別人學習，要知道互相幫助。"能這樣和孩子說話的家長，心態一定是平和的，會用很健康和陽光的心態來影響孩子。孩子在學校也可以好好學習，交到朋友，得到鍛煉。更重要的是，可以潛移默化地影響孩子，讓孩子也形成一個良好的心態。

心態是一柄"雙刃劍"，有甚麼樣的心態，就會有甚麼樣的人生。想要主宰自己的命運，就要主宰自己的心態。積極的心態能幫我們獲得健康、快樂和財富，成就人生；而消極的心態只會帶給我們疾病、痛苦和貧窮，毀滅人生。想要改變命運，就要先改變心態。要知道，許多成功者的積極心態都不是天生的，它是經過後天的磨煉而逐漸形成的。要學會樂觀，因為樂觀會給生命注入活力與生機，讓人從壓力、痛苦、貧困、艱難的處境中解脫出來。樂觀是讓生命充滿活力的最佳良藥。養成樂觀的習慣，將使我們成功的機會大大提高。為了讓自己擁有光彩奪目的人生，我們必須學會調節心情，調整心態，將消極心態轉化為積極心態。

巧用 "畢馬龍效應"，讓事業夢想成真

"畢馬龍效應" 來自於古希臘神話故事。塞浦路斯的國王畢馬龍用自己真心的愛、真誠的心感動了天神，讓一尊他自己雕塑的少女雕像奇跡般地獲得了靈魂和生命，畢馬龍最終娶了心愛的少女為妻。心理學家從畢馬龍的故事中總結出了 "畢馬龍效應"：讚美、信任和期待具有一種能量，它能改變人的行為。

有一位聰明的校長，就通過成功運用 "畢馬龍效應"，改變了學校一些潛力很好，但卻教學成績不突出的老師和一些學習成績上不來的學生。新學期開始，這位校長對兩位老師說："根據過去三四年來的教學表現，你們是本校最有教學實力的老師。為了鼓勵你們，也為了優秀學生能更好地發展，學校特地把一些智商最高的學生給你們教。" 校長再三叮嚀：要像平常一樣教他們，不要讓孩子或家長知道他們是被特意挑選出來的。這兩位老師非常高興，教學變得十分努力，既怕讓校長失望，又怕耽誤了這些學生。

一年之後，這兩個班級的學生成績是全校中最優秀的，比其他班學生的分數值要高出好大一截。後來校長告訴這兩位老師真相：他們所教的這些學生智商並不比別的學生高。這兩位老師萬萬沒料到事情是這樣的，只得慶幸是自己教得好了。隨後，校長又告訴他

們另一個真相：他們兩個當初也不是本校最好的老師，而是在老師中隨機抽選出來的。

　　美國鋼鐵大王卡內基曾說："我認為，讓一個人發揮最大能力的方法，是讚賞和鼓勵。再也沒有比批評更能抹殺一個人的雄心……因此，我贊成鼓勵別人工作。我在世界各地見到許多大人物，不論他多麼偉大，地位多麼崇高，都是在被讚許的情況下，比在被批評的情況下工作成績更佳、更賣力氣。"人的情感和觀念會不同程度地受到別人下意識的影響。當一個人被信任和讚美時，便會感覺自我價值增強了，變得自信、自尊，產生了一種積極向上的動力，可以創造出原本不可達到的目標。

　　對"畢馬龍效應"做出經典證明並使它廣泛運用的是美國心理學家羅森塔爾，因此又稱"羅森塔爾效應"。羅森塔爾曾做過這樣的實驗，他來到一所學校，隨意地抽取了 18 名學生，他將這 18 人寫在一張表格上，交給校長，極為認真地說："這 18 名學生經過跟蹤監測可以確定全都是智商型人才。"事過半年，羅森塔爾又來到該校，發現這 18 名學生的確超過從前，長進很大。經過不斷地跟蹤後發現，這 18 人全都在不同的崗位上做出了非凡的成績。**這一效應就是心理學上的"期望心理現象"**。別人對你的期望，會轉化為自己對自己的期望，因為外界的期望始終存在，而內心的期望值就逐步升高，直到最後習慣地成為自身的期待。

　　上面所講的故事，正是校長對老師的期待，老師對學生的期待，才使老師和學生都產生了一種努力改變自我、完善自我的進步動力。原本不是最聰明的學生和最好的老師，現在都成了最好的。
這種企盼將美好的願望變成現實的心理，在心理學上稱為 "期待效應"。它表明：每一個人都有可能成功，但是能不能成功，取決於周圍的人能不能像對待成功人士那樣愛他、期望他、教育他。而更重要的是我們的內心中能不能產生自我的 "期待效應"，有時我們不能只是指望外界給予的期待和鼓勵，我們在內心中也要更多的利用 "畢馬龍效應"，讓它成為我們逐步前進的推動力。

自尊心和自信心是人的精神支柱，是成功的先決條件，如果你始終給自己傳遞一種良性的激勵，那麼你的命運和生活軌跡會根據這種暗示而變得更加出色；但是，如果你給自己傳遞一種不良的信號，那麼你的處境往往會真的變得很糟糕，因為不良的這些信息中包含有貶低、歧視，它會讓人消極自卑，乃至一事無成。所以我們說：鼓勵與讚美能使白癡變天才，批評與謾罵能使天才變白癡。

18 第 18 話

關注自己的工作心理

測 試　　　　　你目前的境況好不好？

　　活在當下最重要，那麼你眼前的境況究竟怎樣呢？是令你感到茫然，還是痛苦，又或者過得很如意、一帆風順？無論怎樣我們都要面對。

　　題目：在生活中的性格能反映出工作中的狀態，工作中的情況也可以反映到生活狀態上。下面我們通過一個測試來看看自己在生活和工作中的近況？

1　生活中我們難免有和鄰居發生摩擦的時候，如果你和一個平時十分要好的鄰居發生了誤會、爭吵，無論對錯在誰，你會主動和鄰居說話嗎？

　　A 會啊，誤會好好解釋一下就好了

　　B 要根據情況，總是覺得彆扭

　　C 不會了，人有臉，樹有皮

2　去洗衣店洗衣服，結果老闆把你的衣服的顏色洗花了，不能穿了，此時你的態度是：

　　A 平靜下來，和老闆談談，讓他們進行賠償

　　B 投訴這個洗衣店

　　C 非常生氣，大吵起來，把老闆店裡的一些衣服都破壞掉，狠狠地報復一下

3　一次，去飯店吃飯，回來時發現口袋裡剩的零錢不太對，這時你會認為是：

A 可能是自己記錯了吧

B 是飯店找錯錢了，但是沒有證據，還是算了吧

C 肯定是飯店找錯了，馬上去飯店找說法，想辦法要回錢

4　接到電話通知去參加同學會，但是你的經濟狀況並不好，你想去參加嗎？

A 會去，同學多年不見，去見見也好

B 可以去，如果有可能可以請同學幫幫忙

C 不去，去了也是丟臉

5　家裡的電視壞了，你請人來家裡修，維修的人告訴你電視修的價值不大，即使修好也堅持不了多長時間還得壞，這時你會：

A 先修好，將就看，盡快去買新的

B 不修了，等於多花錢，盡快買新的就是了

C 先修好用着，到徹底壞時再買新的

6　有筆生意做成功了可以賺很多，但是對方的老闆曾和你發生過很大摩擦，你會為了這筆生意，主動和他重修舊好嗎？

A 不會，尊嚴不可失

B 看情況再定

C 會的，為了前途着想，人要大度

7   有一天買彩票，中了大獎，你會選擇在哪方面做最大的
    投資？

    A 買房子，這個最關鍵

    B 買基金、股票，這個不用操太大的心

    C 做生意，繼續擴大

8   如果你去買車，你會買甚麼類型的車呢？

    A 新型轎車

    B 商務車型

    C 越野車型

9   如果你選擇一項體育運動作為日常休閒活動，你會選擇
    甚麼？

    A 羽毛球

    B 台球

    C 高爾夫球

10 你會選擇自己的多少資產來用於擴充生意？

    A 四分之一

    B 二分之一

    C 全部

結果分析

（選 A 得 1 分；選 B 得 3 分；選 C 得 5 分）

10～24 分：你最近的狀況不太好啊！經常會為了錢而發愁，進而導致心情也不是很好，煩亂的心情會影響到你的思維和判斷。總是唉聲歎氣的樣子，你對前途比較迷茫。建議：多出去走走，放鬆下來，好好想想，為甚麼最近會是這樣，今後怎麼做才能改變現狀，目標是否可以繼續堅持，是否應該做些變動……經過深思熟慮之後，你的思維和情緒都會好很多。

25～39 分：你最近的狀況一般，不算好也不算壞！按部就班地朝着目標走，既沒有大的挫折，也沒有任何更好的機會，所以，你選擇了靜觀其變。建議：還是要主動做些改變，有時轉機會隨着你的改變而出現。

40～50 分：你最近的狀況很不錯啊！經濟上比較富裕，精神狀態也很好，總是精神飽滿的樣子，對前途充滿了自信。建議：還是要多注意前方的路，不要前進得過快，要適當地多留意些身邊的事情，以免給自己造成不必要的損失。

眼前的境況決定不了以後的事情，我們不能被現在的情況蒙蔽了心智，近況不好的要多尋求改變的機會，力爭盡快脫離不利境況；近況好的要謙虛謹慎，不能盲目自大，為自己埋下禍根。無論情況怎樣，冷靜的心態和改變的勇氣都需要時刻準備着。

工作中的 A 型性格與 B 型性格

A 型性格與 B 型性格是職場上兩種比較常見的性格類型，也是兩種截然相反的性格類型。

A 型性格的人脾氣較大，骨子裡有股闖勁，遇事很容易急躁，缺少克制，喜歡競爭，愛顯示自己才華，愛出風頭，不容許別人指出錯誤，對他人總會存有戒備之心。

這些特點導致 A 型性格的人有一些特有的行為：比如，A 型性格通常工作都很迅速，重數量，輕質量。A 型性格不懼怕長時間的工作，但他們對一些要求相對細緻的工作，都完成得不太好，而且他們的決策力也欠佳，因為他們思考的時間很短，做事情太快了。A 型性格的人缺少認真的心態和創新性，因為他們只重視數量和速度，在工作時對經驗的依賴很嚴重，從不去想可能的改變。

B 型性格的人比較敏感，反應迅速敏捷，他們樂觀、開朗，但是不太合群，有些孤僻，但是對人熱心，做事比較散漫。

這些特點導致 B 型性格的人有一些特有的行為：比如，B 型性格一般都是實幹派，辦事利落、認真而又積極，有較強的適應力。B 型性格的人愛動腦筋，幹活喜歡找竅門，能把複雜的事情變簡單，所以顯得比較悠閒些，但卻容易被別人誤解為投機取巧。B 型性格的人還是天生的樂天派，遇事從不著急，相信任何困難都會有解決的時候，相信水到渠成，不強求、不苛求。相對於眼下的情況，B 型性格的人更關注的是未來，雖然眼光不長遠，但是心裡目標很長遠，所以通常不在意眼前的得失。

　　根據上述兩種不同的性格特點，我們能發現，每種性格都有其好的一面和不好的一面：

A 型性格中好的一面：

① 雄心勃勃，對自己寄予極大的期望；

② 嚴格要求自己實現既定目標；

③ 有魄力，有闖勁，不怕失敗。

A 型性格中不好的一面：

① 希望用很少的時間做很多的工作；

② 不懂得勞逸結合，導致心理負擔過重；

③ 強烈的競爭心理，競爭是好事，但是失去平衡度的競爭就未必是好事了，不要把高度的競爭心態時刻都展現出來。

B 型性格中好的一面：

① 樂觀，對任何事情都想得開；

② 熱心，對待工作和對待朋友永遠都是很有熱心的，不會因為一時的上當而改變初衷；

③ 沉穩，做事認真，遇事鎮靜，不會慌亂，總是想辦法把事情做到最好。

B 型性格中不好的一面：

① 不合群，時常會游離在集體之外，對團隊合作造成不良影響；

② 自我意識強烈，總是希望別人都以你為中心；

③ 不善於挑戰，遇事憑直覺，隨大溜。

現實生活中，人的職場性格通常要麼偏於 A 型要麼偏於 B

型，但是，**要想成為一名優秀的職場人，好的性格鍛煉必不可少。**要針對自身的特點，將性格中的不足逐步改掉，學會將兩種性格的長處結合起來，更進一步地學會利用各種性格，做性格的主人，這樣既能起到調節自己心態的作用，也有助於提高自身能力，在工作中立於不敗之地。

探索的過程和求知的喜悦

物理學家愛因斯坦在擔任荷蘭萊頓大學特邀教授時，曾給學生上過這樣一堂課：愛因斯坦拿着一個盒子，緩步走上講台。他從盒子裡拿出一些骨牌，並告訴學生，骨牌一共 50 枚，他要將這些骨牌豎着，一層一層疊起來，形成金字塔形狀。說完就開始在桌子上疊起來，疊了不到 20 枚時，骨牌就嘩啦全倒了，他不緊不慢又重新疊……學生們開始時都認真地看着，因為不知道他為甚麼這麼做，可是到了四五遍時，學生們便開始騷動，教室裡充斥着不滿之聲。但愛因斯坦依然如故，慢條斯理地疊了倒、倒了再疊……

半個小時過去了，學生們開始紛紛離去，教室裡空出很多的座位。有的學生為了盡快結束這樣的 “鬧劇”，索性上了講台，幫愛因斯坦疊起來，但無論他們怎麼努力，就是不能將 50 枚骨牌全部疊起來。愛因斯坦依然一聲不響，繼續疊骨牌……學生又一個個離去，最後，只剩下一名學生仍然執拗地疊。又過了一個小時，那名學生終於將 50 枚骨牌全部疊了起來。

愛因斯坦高興地開口了：“祝賀你成功了，你有甚麼感想嗎？”

　　學生思索了一下，說："每疊一次，都有新的發現。有的骨牌略帶磁性，能吸合在一起，我就把帶磁性的骨牌全放在下面。倒了再疊時，又發現骨牌的重量不一致，我就又把重的放在下面。就這樣反覆幾次，便全部疊了起來。"愛因斯坦滿意的對他說："成功就是不斷發現問題解決問題的過程，同時還要有足夠的耐心去做，所以，成功的秘訣就是：在看似簡單的事情裡不斷發現新東西，然後重複做。"

　　這名疊骨牌的學生就是後來愛因斯坦的同事、美國著名物理學家、思想家和教育家惠勒。後來惠勒在自傳中曾經這樣評價這件事情："每次新發現，心裡都很激動，希望盡快開始下一次，可以驗證我的發現是對的。當上一個發現被證明是正確的，而下一個發現隨之而來的時候，我覺得一切好像都掌握在我的手中，這個過程帶給我的只有美好而非枯燥，如果我不完成這個過程，那才是真的令人煩躁的。"

　　工作就是濃縮的人生，人生需要不斷探索。探索是因為競爭的需要，激烈的競爭使我們無法停下腳步，只能不斷向前摸索；而競爭是持續性的，永無休止，不可能某一時刻不再需要競爭了，而我們為了做好下一次競爭，就要提前先進行探索。所以競爭的結果又是不斷地探索。探索導致的結果是不斷地進行知識的補充，這就是求知。而求知過後，我們的知識會增長，進而視野會開闊，我們會進一步看到以往看不到的東西，此時我們會懷着好奇的心理進行探索。**競爭—探索—求知—探索—競爭，這是一個多麼奇妙的循**

環！在這個循環中，我們可以不斷地對未知進行探索，逐步實現自我超越。這個過程是神奇的，充滿樂趣的，它能讓一切苦悶都變成快樂的源泉，也能實現一切不可能，還能讓人形成正確的價值觀和樂觀向上的人生觀。

經營之神松下幸之助曾經說過："工作就是不斷發現問題，分析問題，最終解決問題的一個過程，晉升之門將永遠為那些隨時解決問題的人敞開著。"在職場中，一個人缺少知識，甚至沒有突出的能力，都不是最可怕的，最可怕的是你沒有一個積極主動的心態。看到問題都報以旁觀者的心態，一副事不關己的樣子，這樣的員工永遠都只會混跡於公司的最底層。

工作要求我們不斷地進步，如果你總是一副消極的態度，那麼你就永遠無法達到自己所羨慕的高度。對每一位重視自己前途的人來說，只有不斷地探索、學習、前進，才能避開那些干擾我們提高工作績效的"陷阱"，並找到快速發展的途徑。

別讓機器影響你的情緒，換個心情去上班

雯雯在一家電腦公司工作，住所離公司路程總用時 40 分鐘。雯雯很看重這份工作，每天都兢兢業業，但她經常遲到，每次遲到的原因幾乎都是路上堵車。因為遲到，雯雯經常被上司批評，令她的心情很不好，而這種不好的心情也被她帶到了工作中。同事娜娜看到雯雯整天悶悶不樂，就問她："你每天怎麼不早點出來呢，那樣即便堵車也不怕。"雯雯搖搖頭，說："我也嘗試過的，但每天早上還

要買早點，我們那裡早點不太好買，要排隊的，有時為了能早到，就不吃早點了。"娜娜給她出主意說："你以後可以早上出來直接坐車，等到公司附近再買早餐呀。"果然從那以後，雯雯就沒再遲到，每天都是熱情滿滿地工作。

一個簡單的例子可以看出，公交車可以因為堵車而減慢行駛速度，但是我們的思維不能也同時減慢，要想辦法繞過去，機器是死的，而人是活的，思維是可以更改的，情緒是可以調整的，不能只對某個地方死死盯住，其實，我們有很多時候都應該多看看別的方向。比如下面故事中的阿強：

阿強就職於一家貿易公司，工作很順利，可是有段時間公司附近搞大規模建築施工，又是修路、挖溝，又是蓋樓，公司裡停水、停電、斷網是常事。但是，政府施工公眾只能先忍耐了。班還是要繼續上，可是工作卻變成了斷斷續續的，有人就開了小差，請假成了家常便飯，老闆也不好說甚麼，確實嘛，現在硬件都跟不上，要求員工怎麼工作呢。可是阿強在這段時間可沒閒着，在有電、有網時，別人做些眼前工作，他則放下了眼下的事情，用了三天時間，將自己的資料整理出兩份，一份簡單總結在本子上，另一份全面的內容存在移動硬盤裡；在別人因為沒電而玩耍、閒聊時，他在埋頭整理自己的工作筆記，繼續工作；別人出去是為了玩，他出去是到網吧看移動硬盤裡的資料。施工建設兩個月的時間裡，他所負責的業務區域的業績，沒有受到一點影響，相反因為其他同事的不作為，還讓他收穫了一部分別的區域的業績。

　　現代社會是鋼筋混凝土的世界，我們每天都會和鋼鐵機器打交道，從清晨上班開始坐公交、地鐵；到每天面對的電腦，如果是在比較特殊的環境下工作，還會和鍋爐、重型汽車和重型機械等為伍；回到家後的電視、空調……每時每刻我們都被包裹在這個機器環境中。這些機器都是沒有生命的，卻在很多時候影響着我們的心情，比如早上上班時，我們因為公交車遲遲不來而急躁；又會因為路上堵車而煩躁；工作中會因為機器發生故障而感到苦惱……類似這樣的事情我們會時常遇到。是啊，本來每天工作就很忙、很累了，原本指望着能幫一把的機器們，也跟着添亂，既耽誤工作，也影響心情。

　　一切外在因素都不是影響我們工作心情的理由，任何事情都會在自我調節下度過。所以，當我們感覺工作很無奈的時候，**出去透透氣，換一種思維，換一種心情**，從固有的工作模式中走出來，就會發現工作中也會浮現出很多優美的風景。嘗試着換一種心情，去感受、去體會，會有一種全新的體驗；嘗試着換一種心情，去看這個世界，也一定會有屬於自己不一樣的風景……

19

第 19 話

提高逆商（AQ）成大事

從拚智商到拚 "逆商"

著名心理學家金斯曾說："那些能夠幸存的物種，不是最強的，而是最能夠適應變化的！"

某年非洲草原發生嚴重的大旱，在肯尼亞的一處草原上，方圓百公里之內只剩下一個水塘。鱷魚、羚羊、斑馬、角馬、狒狒都為了這個水塘展開殊死搏鬥，角馬打敗了羚羊和斑馬卻為了喝一口水，把命獻給了鱷魚。但是最後，這個僅存的池塘也乾涸了，鱷魚被太陽烤死了，只有狒狒喝足水後，逃到了草原邊有樹林的地方，靠吃樹上的枝葉來增加營養，熬過了此次大旱。

逆商 AQ 來自英文 Adversity Quotient，原意為逆境商數，譯為挫折商或逆境商，是指人們面對逆境時的反應方式。在競爭日趨激烈的今天，一個人能否取得成功，已不再簡單的取決於專業技能、領導才能、人際交往這些因素，**更大程度上取決於一個人面對挫折時的心態、擺脫困境的方法和超越困難的能力。**人們要多進行逆商培養，使自己在逆境面前，養成沉着的思維方式，增強意志力，方可有擺脫困境的能力。

心理學家認為，一個人事業成功必須具備高智商、高情商和高逆商這三個因素。在智商相差不大的情況下，逆商對一個人事業成功起着決定性的作用。所以在職場生存中，為了生存得更好，除了不斷提高自身的綜合素質外，還要學會跟着環境改變而調整自己。

學習用積極的心態看待事物

美國有一位名叫伍登的傳奇教練，在全美十二屆大學籃球聯賽當中，他帶領加州大學洛杉磯分校贏得十次全國總冠軍，被大家公認為有史以來 NCAA 最優秀的籃球教練之一。

有記者問他："請問伍登教練，你創造常勝奇跡的秘訣是甚麼？"

伍登說："這一點兒都不奇怪，我是用心裡所想來看待事情的，不管是悲是喜，我的生活中永遠都充滿機會。這些機會的出現不會因為我的悲或喜而改變，只要不斷地讓自己保持積極的心態，我就可以掌握機會，激發更多的潛在力量。"

記者又問他："那麼，請問你是如何保持這種積極心態的？"

伍登很愉快地回答："每天我在睡覺前，都會提起精神告訴自己：我今天的表現非常好，而明天的表現會更好。""就只有這麼簡短的一句話嗎？"記者有些不敢相信。伍登肯定地回答："簡短的一句話？這句話我可是堅持了二十年！重點和簡短與否沒關係，關鍵是你有沒有持續去做。如果無法持之以恆，就算是長篇大論也沒有幫助。"

伍登的積極超乎常人，不單單是對籃球執着，對於其他生活細節也保持着這種精神。例如，有一次他與朋友開車到市中心，面對擁擠的車潮，朋友感到不滿，繼而頻頻抱怨。但伍登卻欣喜地說："這裡真是個熱鬧的城市。"

心理學研究表明，具有積極、樂觀性格的人在工作成績和社會地位方面均超過悲觀的人，因為他們更多地接受了正面信息，而不是負面信息。積極、樂觀可以通過自身的培養而形成，一個消極悲觀的人，也可以通過積極心理學轉化成積極而樂觀的人。

首先，要改變認識角度。人們雖然時刻面對着重重的壓力，但是，只要能夠選擇好認識壓力的角度，就會輕鬆地化解壓力，快樂、從容地面對各種挑戰。小學語文課本中有一篇課文題目叫《畫楊桃》，文中講述了一個孩子因為選取了一個特殊的角度，把楊桃畫成了五角星。很多同學都嘲笑他畫錯了，但是，當老師要求持否定意見的同學，坐在把楊桃畫成五角星的那位同學的座位上認真觀察時，幾位同學都低下了頭。原來，在特殊的角度下，楊桃的樣子確實和五角星一樣。從中我們可以看到，同一件事情，觀察的角度不同得到的結論就不同。我們處理事情，是不是可以用積極的態度去努力尋找讓自己接受的角度，讓自己愉快的角度呢？

其次，培養積極的心態，因為只有積極的心態才能帶來快樂。同樣一件事情，有人看到的是轉機，有人看到的卻是危機。心理學專家曾經特意調查了一些中過巨額彩票的人，如果這個人的性格中存有抑鬱的情緒，是一個不快樂的人，那麼中獎後他只會快樂 6 個月左右，但 6 個月以後他就會重新陷入不快樂之中，重新變得抑鬱。也就是說金錢只能使一個原本不快樂的人在短時間內獲得快樂與幸福。但從一生的角度看，金錢使人快樂的感覺是很短暫的。

最後，擁有積極情緒的人比一般人更能忍受痛苦的折磨。曾經有人做過實驗：將手伸進零攝氏度以下的冰水中，在冰水中普通人伸手，最多只能忍受 60～90 秒，但在積極情緒測量中最出色的人，得分最高的人，或者一個具有積極的情緒的人，往往能忍受的時間會更長。快樂的人喜歡與別人交朋友，願意主動接觸生人，與人為善，願意幫助他人，更具有利他主義精神，他們更關心周圍的人，而很少計較自己的利益。

總之，對於個人成長來講，積極的心理學主要提供積極的心理品質，如愛的能力，工作的能力，積極地看待事物的方法，創造和拓展的勇氣，積極的人際關係，審美體驗，寬容和智慧靈性等；而其心理品質還包括一個人的社會性和一個人的美德，比如誠實守信、博愛、利他行為、對待別人的寬容、接納和職業道德、社會責任感等。

與陰暗心理同事的相處之道

珍珍在公司很多年了，一直和同事相處得不錯，但是最近上司卻發了一封郵件給珍珍，希望珍珍可以注意一下自己對待客戶的態度。

珍珍莫名其妙就被上司批評了，她甚至不知道自己甚麼地方做得不好。她想一定是自己的某一個客戶投訴自己了，但是不對啊，公司有很完善的投訴機制，如果自己被投訴了，一定會知道發生了甚麼事。

幾經辛苦打聽，她才知道，因為她的業績和客戶在公司裡都是非常好的。另一位同事雖然業績一直不錯，卻一直超越不了珍珍，於是那位同事就寫了一封匿名的郵件給上司，投訴她沒有好好對待客戶。結果，珍珍不但被上司批評，而且從那以後，上司對珍珍的信任和重視明顯下降了。

短短的一封信，就讓珍珍辛辛苦苦與上司建立起來的信譽和未來發展潛力之路都消失了，這一切自然讓珍珍憤怒又委屈，也許她會說："我怎麼知道她是那樣的人？"但是，身在職場你自己都不知道保護自己，又怎麼能怨恨別人呢？

所謂"陰暗心理"通俗地說是見不得別人的好，見不得世間美好的東西。見到別人比自己好，就有一種說不出來的不舒服。

在我們平時的工作中，有一些人表面上善良真誠、可愛純真，但其內心是極不健康的，他們是容不得別人比自己優秀、比自己過得好、比自己快樂的。只要你比他快樂，他就一定想盡辦法來攪亂你的生活。**這樣的人就是嚴重的"陰暗心理"病人。**

俗話說："害人之心不可有，防人之心不可無。"身在職場，一定要學會去提防這種內心陰暗的同事，只有這樣，這類被冤枉、自己的努力被盜取的事件才不會再發生。一般來說，陰暗心理的人的確是不容易對付，我們又應該如何與有陰暗心理的人安全相處呢？

第一，對這種人要持理解、同情的態度。

從心理學角度來分析，陰暗心理主要是由遺傳因素決定的。因此，我們必須將陰暗心理看作是一種普遍的人性的缺陷。

對這樣的人我們應該秉持一種深切的同情態度，盡可能幫助他們正確看待別人的成功與一帆風順，引導他們將妒忌心理轉化為自己追求卓越的動力。

第二，盡量避而遠之，若是被咬住，則無情揭露之。

有人覺得，要防止有陰暗心理的人的惡意中傷，跟他們走近些似乎更安全。這樣的認識太幼稚，須知有陰暗心理的人的本質是容不得別人的好。當他攻克了既定的目標，下一個目標沒準兒就是你了。

故此，不要心存僥倖，必須盡量避而遠之。若是遇到緊追不放的，要當機立斷，無情揭露，堅決打擊，將真相大白於天下，並以此警醒別人。

第三，調整認知，爭取在別人的陰暗心理中看見自己的崇高與價值。

當碰到別人與你說他人壞話的時候，你只微笑就行了，然後保持沉默，盡量轉移話題。俗話說："君子坦蕩蕩，小人長戚戚。"這樣，反倒襯托出你心底的坦蕩與崇高。

第四，積極利用有陰暗心理的人的負面激勵作用。

如果被攻擊的人從此消沉下去，一蹶不振，那麼正中有陰險心理的人下懷！這樣做或許有助於事件迅速平靜下去，但行惡者的陰謀就得逞了。這顯然不是我們所希望看到的。

對於職場上很多的馬大哈，如果一旦確定身邊有職場陰暗人，切記千萬不能再繼續馬虎下去了，學會與有陰暗心理的人相處，也是職場生存的必備之策，否則等到被冤枉、被整蠱、被挑撥、被離間，甚至被辭退的時候再來後悔可真是不值了。

學會低頭，才會出頭

志偉從香港大學碩士畢業後，進入了一家跨國公司的研發部工作。志偉很謙虛、低調，工作中遇到不懂的技術難題就請教部門的一位資深同事。這位資深同事說：＂我只是個本科生，你是研究生，還用請教我嗎？＂志偉謙遜地說：＂我讀研究生只是讀了幾年‘死書’，你已經在職場上讀了多年的‘活書’，我這讀‘死書’的人應該向你這讀‘活書’的老師多多學習才是。＂這個同事見志偉這麼謙虛，就熱情地幫助他解決一些技術難題。其他的同事見這位碩士很謙虛，平時也都很願意幫助他，在大家的熱心幫助下，志偉很快彌補了工作經驗的不足，在業務上突飛猛進。

不僅如此，志偉在公司裡與人有爭執的時候，一般都是他主動低頭，作出讓步。例如有一個週末，志偉加班兩天，但當月的工資裡卻沒有算上他的加班費，志偉就向公司會計諮詢，會計卻辯稱：＂你沒有把加班單給我啊。＂志偉說：＂我加班後的那個星期一就給你了。＂會計卻堅持說沒有收到加班證明。志偉想了一下，停止了爭辯：＂可能是我太忙而沒把證明給你，我現在給你補一個。＂於是，志偉重寫了一個加班單請部門經理簽字，部門經理感覺很奇怪：＂這個加班單不是早就給你簽過了嗎？＂志偉解釋說：＂會計堅持說我沒交給她，算了，我就不和她計較了，給她留個面子吧。＂部門經理邊簽字邊笑：＂你這個人，還真是個大度寬厚之人。＂

志偉不和人斤斤計較，所以在公司裡基本沒有樹敵。也因為如此，他沒有整天琢磨＂鬥爭＂的煩惱，使他能把更多的時間和精力用在工作上。

由於專業知識扎實，再加上謙虛學習、工作勤奮，一年後，志偉為公司的幾款產品成功地進行了升級換代，取得了很好的經濟效益。於是，志偉被提拔為研發部的首席工程師，但他依然沒有架子，不管對待老員工還是新同事，都很友善。志偉剛開始在公司"紅"的時候，部門裡有些人嫉妒他，總想找機會刁難他，但他們見志偉做人如此低調，就不好意思故意找碴了。這些同事冷靜後覺得志偉多次漲工資也是應該的，畢竟人家有真本事，這麼一想，以前的心理不平衡就消失了。

又過了一段時間，部門經理被升為副總，離開研發部之前，他把志偉作為部門經理的候選人推薦給老總。在前任部門經理看來，一個虛心、謙讓、低調的優秀員工，一個懂得"低頭"的員工，在職場上"出頭"是必然的，志偉應該得到提拔重用。

據說曾有人問蘇格拉底："聽說您是天下最有學問的人，那麼您知道天與地之間的距離是多少？"蘇格拉底毫不遲疑地說："三尺！"那人不以為然："我們每個人都五尺高，天與地之間只有三尺，那不是要戳破蒼穹嗎？"蘇格拉底笑着說："所以，凡是高度超過三尺的人，要立於天地之間，就要懂得低頭。"

其實，低頭是一種能力，它不是自卑，也不是怯弱，而是清醒中的嬗變。有時，稍微低一下頭，或許我們的人生路會更加精彩，我們的能力也會有所長進，同樣，要學到新東西，要不斷進步，就必須放低自己的姿勢。只有懂得謙虛的意義，才會得到別人的教誨，才會處處受人喜愛。

調查發現，一些職場新人總是帶着強悍的個性進入職場，如果取得一些成績，那更是不得了，整天趾高氣揚的。如此高調，多會招來各方面明裡暗裡的打擊和“圍剿”，自己雖然拚死從困境中突圍出來，但是已經白白消耗掉了很多的時間和精力。這樣的消耗本身就是對個人精力和能力的極大浪費。因此，職場中人應該學會低頭，低頭與謙和可以得到很多人的幫助，減少很多職場前進過程中的阻力，就能更快更多地取得職場優異成績。

“學會低頭，才能出頭”，這是很多職場中人應該牢記的職場守則。

忘記失敗，記住成功

浩偉在某家知名的電腦公司任職，他最近一直愁容滿面，心事重重，顯然有着情緒上的困擾。原來兩個星期前他所在部門的負責人離職，大家就紛紛揣測誰會是升遷的人選。不論年資、經驗，浩偉都是大夥兒公認的最佳候選人。幾天後，總經理也把他找進了辦公室，詢問他擔任部門經理的意願，消息傳開後，大家就開始喊他經理了。

沒料到，新的人事任命一公佈，新任的部門經理竟不是浩偉，而是從別的部門空降而來的人，頓時浩偉覺得心中波濤洶湧，一種失敗的情緒竄上心頭，覺得難受到了極點。

他說：“我這一輩子沒這麼難堪過，現在連一點工作動機也沒了！”

在職場上，難免會遭遇事與願違的挫敗，而當挫折感油然而生之際，也正是你我心裡面臨重大挑戰的開始。心理學家們發現，**這種"跌倒後爬起來"的能力（即所謂的"挫折忍受力"），是一個人心理是否強健的重要指標，會決定你我的快樂程度，也是未來成功不可或缺的因素。**

按照美國心理學家 H・韋辛格博士的研究，一個人從知道失敗的消息到心情復原，會經過幾個心理階段：

當遭遇失敗時，大部分人的第一個反應是："不可能的，我不相信！"也就是說，我們會先企圖否定這令人失望的事實，這麼做可以延後自己受傷的時間。

然而一味地否定，並不能真正解決問題，遲早還是得面對木已成舟的失敗狀況。所以在短暫的拒絕相信之後，我們應該盡快地發揮自省的能力，去感受心中真正的失敗反應。

即使你已經開始反覆思索，然而此時仍不免會陷入"如果一切都沒改變，那該有多好"的想法之中，這會阻撓心情康復的速度。

所以當有懷舊的情愫產生之時，趕快告訴自己："別做夢了，發生的已經發生，我再後悔也無濟於事。"並反問自己，"現在我該怎麼做，才能適應新狀況？"若有他人的提醒，腦中的念頭更容易煥然一新："這是一個極佳的檢討及學習機會。""我不過是這一次升遷不順利，只要努力，下次依然大有機會！"

其實，塞翁失馬，焉知非福，很多時候一時的失敗，反而可能是未來成功的開端。只要做好每個階段的心理調節工作，就能成功地忘記沮喪和失敗心情。所以要不斷提醒自己要用樂觀心態面對，憂鬱感自然逐漸退去。

　　成功是每個人的夢想，但是成功不是從天上掉下來的，而是經過失敗、教訓，以及不斷地磨煉和積累而獲得的。可口可樂的總裁古滋維塔就是一個從失敗走向成功的人。40年前古滋維塔隨全家人匆匆離開古巴，去到美國，身上只帶了40美元和100張可口可樂的股票。同樣是這個古巴人，40年後竟然能夠領導可口可樂公司，讓這家公司在他退休時股票增長了7倍！整個可口可樂價值增長了30倍！他在總結自己的成功歷程時講了這樣一句話："一個人即使走到了絕境，只要你有堅定的信念，抱着必勝的決心，你仍然還有成功的可能。"

20

確定目標，事業有成

目標是行動的開始

哈佛大學曾對一群智力、學歷、環境等客觀條件都差不多的年輕人，做過一個長達 25 年的跟蹤調查，調查內容為目標對人生的影響，最初的調查發現：27% 的人沒有目標；60% 的人目標模糊；10% 的人有清晰但比較短期的目標；3% 的人有清晰且長期的目標。

25 年後，這些調查對象的生活狀況如下：

3% 的有清晰且長遠目標的人，25 年來幾乎都不曾更改過自己的人生目標，並為實現目標做着不懈的努力。25 年後，他們幾乎都成了社會各界頂尖的成功人士，他們中不乏白手起家的創業者、行業領袖、社會精英。

10% 的有清晰短期目標者，大都生活在社會的中上層。他們的共同特徵是：那些短期目標不斷得以實現，生活水平穩步上升，成為各行各業不可或缺的專業人士，如醫生、律師、工程師、高級主管等。

60% 的目標模糊的人，幾乎都生活在社會的中下層，能安穩地工作與生活，但都沒有甚麼特別的成績。

餘下 27% 的那些沒有目標的人，幾乎都生活在社會的最底層，生活狀況很不如意，經常處於失業狀態，靠社會救濟，並且時常抱怨他人、社會、世界。

調查者因此得出結論：目標對人生有巨大的導向性作用。成功，在一開始僅僅是一種選擇，你選擇甚麼樣的目標，就會有甚麼樣的人生。但是，目標要看得見、夠得着，才能成為一個有效的目標，才會形成動力，幫助我們獲得自己想要的結果。

　　人不能沒有目標，也不能總去變換目標，必須明確一個不輕易變更的奮鬥目標，這是取得成功的基本保證。在職場中，我們有時之所以不成功，是因為看得太多了，想得太多了，禁不住太多的誘惑，失去了自己的目標和方向。一個人只有專注於你真正想要的東西，你才會得到它。所以，不管做甚麼，首先要有一個明確的目標。有了明確的目標，才有很好的過程；有了好的過程，才有成功的希望。

　　目標是行動的開始。只有確定目標，做事才能專心致志、集中力量，才能表現出克服舉棋不定、心神不安的頑強毅力。為甚麼大多數人沒有成功，而真正能完成自己計劃的人只有 3% 呢？大多數人不是將自己的目標捨棄，就是淪為缺乏行動的空想。

制定目標是明確做甚麼，完成目標是明確如何做

　　1952 年 7 月 4 日清晨，加利福尼亞海岸升起了濃霧。在海岸以西 21 英里的卡塔林納島上，一名 43 歲的女子準備從太平洋游向加州海岸。她叫費羅倫絲‧查德威克。

　　那天早晨，霧很大，海水凍得她身體發麻，她幾乎看不到護送她的船。時間一個小時一個小時的過去，千千萬萬人在電視上看着。有幾次，鯊魚靠近她，被人開槍嚇跑了。

　　15 小時之後，她又累，又凍得發僵。她知道自己不能再游了，

就叫人拉她上船。她的母親和教練在另一條船上。他們都告訴她海岸很近了，叫她不要放棄。但她朝加州海岸望去，除了濃霧甚麼也看不到……

人們拉她上船的地點，離加州海岸只有半英里！後來她說，令她半途而廢的不是疲勞，也不是寒冷，而是因為她在濃霧中看不到目標。查德威克小姐一生中就只有這一次沒有堅持到底。

管理者在和下屬制定目標的時候，經常會犯一個錯誤，就是認為目標定得越高越好，認為目標定得高了，即便員工只完成了 80% 也能超出自己的預期。實際上，這種思想是有問題的，持有這種思想的管理者過分依賴目標，認為只要目標制定了，員工就會去達成。

實際上，制定目標是一回事，完成目標又是另外一回事，制定目標是明確做甚麼，完成目標是明確如何做。**與其用一個高目標給員工壓力，不如制定一個合適的目標**，並幫助員工制訂行動計劃，共同探討障礙，並排除，幫助員工形成動力。

另外，目標不是唯一的激勵手段，目標只有與激勵機制相匹配，才會形成更有效的動力機制。所以，除了關注目標之外，管理者還要關注配套的激勵措施。

最後，合適的目標是員工可以跳一跳就能夠得着的目標，當員工經過努力之後可以達成目標，目標才會對員工有吸引力，否則，員工寧可不做，也不願意費了很大力氣而沒有完成！

明確的目標是職場成功的導航燈

一位父親帶着三個孩子到海邊去捕魚，他們到了海邊後，父親問老大："你看到了甚麼？"

老大回答："我看到了漁網、魚，還有一望無邊的大海。"

父親搖搖頭說："不對。"

父親以相同的問題問老二，老二回答說："我看到了爸爸、大哥、弟弟、漁網、魚，還有大海。"

父親又搖搖頭說："也不對。"

父親又以相同的問題問老三。老三回答："我只看到了魚，不過它們暫時還在大海裡游泳，我的目標就是捕到它們。"

父親高興地說："答對了。"

普通人工作一天不停地喊自己累，而絕大多數成功創業者一天工作的時間遠遠超過了普通人，成功創業者永遠不會抱怨工作太多，因為他們永遠望着特定的創業目標，因而增加了許多活力。當你有一個明確的創業目標，並且決心實現它時，你的精力就會源源而來，不但消除了你的無聊和厭倦，甚至可以創造奇跡。可以說，明確的創業目標價值連城。

不管做甚麼樣的工作，都必須瞄準目標前進。目標要專一，不能三心二意。人的精力是有限的，應該把注意力從紛繁複雜的事情中解脫出來，集中力量在最重要的事情上，這樣才能盡快出色地完成任務。應該清楚地告訴自己，你將全力以赴投入最重要的工作中，就像打靶一樣，迅速瞄準目標，將精力集中於一點。

人在追求自己渴望的目標時，很容易產生達到目標所需的能力與熱忱，並且引導潛意識對人生的目標產生自動調整的能力。創業成功的人，可能會有這樣的體會，即明確固定的創業目標所產生的最令人驚訝的作用，**就是維持正確的方向，不會走入岔路**。

其實，這有其科學的道理。當人在追求目標時，目標會不知不覺進入潛意識中。而潛意識能經常自動保持平衡，顯意識卻無法做到這一點，除非它能配合潛意識。一個人如果缺乏潛意識的指揮，很容易猶豫不決，見異思遷，但是，如果目標已經進入潛意識，人就會自動地向既定方向前進，讓意識做清醒的思考，進而創造出超乎意識的人間奇跡。

需要強調的是，設定目標的時候一定要具體、可量化。如果不具體，就很難衡量，會降低你的工作積極性，一個不能被量化的目標是很難激發員工積極性的。

設定目標是走向成功的階梯

加拿大一位幽默作家寫過一篇著名的文章《倒退的一生》，講述了這樣一個故事：

一次在外野營的時候，主人公賈金斯看到有人正要將一塊木板釘在樹上當擱板，就走過去說要幫他一把。賈金斯建議：「你應該先把木板頭子鋸掉再釘上去。」於是，他找來鋸子，還沒有鋸到兩三下又撒手了，說要把鋸子磨快些。於是他又去找銼刀。接著又發現必須先在銼刀上安一個順手的手柄。於是，他又去灌木叢中尋找小樹，可砍樹又得先磨快斧頭。磨快斧頭需將磨石固定好，這又免不了要製作支撐磨石的木條。製作木條少不了木匠用的長凳，可這沒有一套齊全的工具是不行的。於是，賈金斯到村裡去找他所需要的工具，然而這一走，就再也不見回來了。

幾個星期以後，人們才看見他在城裡露面；為了成批購買器械，他正在討價還價。

又有一段時間，賈金斯廢寢忘食地攻讀法語，但很快便發現要真正掌握法語，必須首先對古法語有透徹的了解，然而實踐表明：沒有對拉丁語的全面掌握和理解，要想學好法語是絕不可能的。賈金斯進而發現，掌握拉丁語的唯一途徑是學習梵文，因為梵文顯然是拉丁語的基礎。因此賈金斯便一頭撲進梵文的學習之中，直到他發現，要正確地理解梵語，非學古伊朗語不可，因為它是語言的根本。然而，這種語言卻早已銷聲匿跡了。

有人說，無論一個人現在年齡有多大，**他真正的人生之旅，都是從設定目標的那一天開始的**。以前的日子，不過是在繞圈子而已。美國哈佛大學心理學家威廉·詹姆士研究發現，一個沒有受到激勵的人，僅能發揮其能力的 20%～30%，而當他受到激勵時，其能力可以發揮至 80%。因而，即便是完善的個性，由於缺乏前進的動力，也很難實現創富的目標。創立"心理創富學"的希爾博士揭示出 5 個自我激勵的賺錢"黃金"步驟：

第一，你要在心裡確定你所希望擁有的財富數字。如果籠統地

說 "我需要很多、很多的錢" 是沒有用的，你必須確定你渴望得到的財富的具體數額。

第二，實實在在地想好，你願意付出甚麼樣的努力和多大的代價去換取你所需要的錢，世界上是沒有不勞而獲的。

第三，規定一個固定的日期，一定要在這個日期之前把你希望得到的錢賺到手，沒有時間表，你的船永遠不會 "泊岸"。

第四，擬訂一個實現理想的可行性計劃，並馬上進行，你要習慣 "行動"，不能夠只沉溺於 "空想"。

第五，將以上 4 點清楚地寫下，不可以單靠記憶，一定要白紙黑字。不妨每天兩次地大聲朗誦寫下的計劃的內容。

人們都有一種傾向，即一旦實現一個目標，就會有一種泄勁的感覺，不再努力，然後坐享其成。現代社會為人的全方面發展提供了更為廣闊的發展空間，所以一個積極進取的人，應該在實現目標之後，再為自己設立新的目標。而且，你不要等到達到一個目標之後再去制定一個新目標，而應該在心中時刻充滿目標，完成一個目標，你就知道下一個目標是甚麼，繼續前進的方向在哪裡，而不僅僅以第一個目標為目的地。

不斷設立新的目標是一個挑戰自我的過程，也是一個不斷進步的過程。實現目標是一個漸進的、成長的過程。一個人需要不斷地為自己設立新目標，不斷地在新的目標的激勵下提高自己。就以賺取金錢數額的多少為目標來說，一個以往年均收入 5 萬元的人，如果他在新的一年內為自己設立的目標是增加 5 萬元，達到年收入 10 萬元，那麼作為一個階段性目標，這是現實的。如果他前期沒有任何鋪墊，就想在新的一年內年收入達到 100 萬元，那麼我覺得他就不是在談論目標，而是想一夜暴富，那就不是成功的問題了，而是想憑運氣，如買彩票。這種可能性太少、太小了，它會害死人的。

中國有句老話："有志之人立常志，無志之人常立志。"這是非常有道理的。所以，人們確立的目標，一般有一個遠景目標，即在內心要有一個總體的、大致的目標。這種遠景目標，要分階段來實現。而階段性目標必須是具體的、明確的、可操作的。人不可能期望一下子成為億萬富翁，但當你實現了 1000 萬目標的時候，億萬目標就不是空想和幻想了。自信心就是在這種不斷實現階段性目標的基礎上，逐步建立起來的。

全力以赴，一切皆有可能

美國汽車大王亨利・福特是美國密歇根州的農場主的兒子，他的父親是從愛爾蘭移民過來的，來美國的時候甚麼都沒有，他卻成為了福特汽車工業的創始人，其經歷可以稱之為傳奇了。

亨利年輕時在愛迪生照明公司底特律分公司的分廠做機械工程師，作為一名新來的技師，亨利的工作可以說是非常辛苦的。最開始的時候，主要是在一個變電所負責各種機器的安裝和檢修，而且是夜班，從下午 6 點到第二天早上 6 點工作，月薪 45 美元。

儘管工作非常辛苦，但是亨利在這裡工作得很開心。他從小就對機器有着近乎狂熱的愛好，他的工作態度很認真，對新技術的理解、掌握和運用也很迅速，一年之後，亨利從變電所調到了底特律分公司總廠。幾個月後，他被提升為公司的副總機械師，月收入也漲到了 75 美元；又過了幾個月，亨利成了底特律愛迪生照明公司的總機械師，月薪 100 美元，在當時，這個收入已經是非常高的了。

已經是總機械師的亨利依舊像從前一樣勤奮地工作。這時亨利的經濟、工作條件已經相當不錯了，但他並沒有因為這個而滿足、鬆懈下來。他經常翻閱《美國機械師》雜誌，他在家裡搞了一個工作室，在工作之餘跟一些夥伴研究汽車。

1896 年的時候，亨利造出了一輛能夠運行的車，這給他帶來了很大的鼓舞，使他在這條路上繼續堅定地走了下去。在之後的兩年時間裡，他在自己簡陋的工棚裡設計並製造出了兩台汽車。

1899 年 8 月 5 日，底特律汽車公司正式成立。亨利·福特任公司的機械主管和總工程師，並持有股份，新公司的資本為 15 萬美元。就在這個時候，愛迪生照明公司底特律分公司的總經理亞利山大·道坐不住了，他找來了亨利，在辦公室做了一次深入交談。

道很客氣地祝賀了亨利，並對他說他是公司裡最有才能的人，緊接着他把話題一轉，"可是作為多年的朋友，作為上司，我不得不遺憾地指出，你現在在外面所做的一切是沒有意義的，汽油怎麼能作為運輸工具的動力源呢？希望你把精力用在咱們公司的那些機器上，好好在電上動動腦筋，把那些不相干的事辭了吧！"

接着，道又開出了一個非常誘人的條件，"我想挑選一個合適的人選來擔任公司的總負責人，我認為你是最合適的。請你考慮一下我說的話，然後給我一個答覆。"

然而，亨利立馬便給了道一個意料之外的答覆，他決定辭職。就這樣，亨利離開了愛迪生照明公司，開始了他的汽車之路。

　　所以，全力以赴是一種十分珍貴的品格，套用一句廣告詞，"一切皆有可能"，人生在於規劃，主動謀劃未來，確定目標，全力以赴，一切便皆有可能！我們可以想像一下，如果亨利此時選擇安於現狀，繼續留在愛迪生照明公司，而不是全力以赴投入汽車事業當中，恐怕汽車的歷史都要改寫了。

　　全力以赴並不是莽撞向前，巴頓將軍曾經說過："精心計劃後，冒險與莽撞大不相同。" 從哲學角度講，全力以赴和孤注一擲有近似之處；從心理學角度講，全力以赴多多少少要有些 "賭性"。然而，無論甚麼事情，只要去做，都會有 50% 的成功率。

　　拋開個人的健康因素和家庭因素對成功的影響，從成功學的角度看，成功者所具有的，其實是一種勇往直前、全力以赴的魄力。

　　全力以赴，需要有以下條件作基礎：

　　第一，要有堅定的信心；

　　第二，要有明確的目標；

　　第三，要有堅持到底的決心；

　　第四，要有堅韌的毅力；

　　第五，要有專業技巧；

　　第六，要有勤奮吃苦的精神；

　　第七，要有超強的決策能力；

　　第八，還要有超強的心理承受能力。

　　當這些都具備了，再全力以赴，就會有極大的可能成功。而這些都具備了，你也就必然達到了前所未有的高度，達到了直指成功的高度。

　　現在，就讓我們行動起來，向成功奔跑，做快樂職場人吧！

責任編輯	楊克惠
書籍設計	吳丹娜
排　版	高向明
印　務	馮政光

書　名	職場心理學：快樂工作的90個貼士
叢書名	心理知多D
作　者	樊紹烈
出　版	香港中和出版有限公司 Hong Kong Open Page Publishing Co., Ltd. 香港北角英皇道499號北角工業大廈18樓 http://www.hkopenpage.com http://www.facebook.com/hkopenpage http://weibo.com/hkopenpage
香港發行	香港聯合書刊物流有限公司 香港新界大埔汀麗路36號3字樓
印　刷	美雅印刷製本有限公司 香港九龍官塘榮業街6號海濱工業大廈4字樓
版　次	2019年7月香港第1版第1次印刷
規　格	32開（148mm × 210mm）276面
國際書號	ISBN 978-988-8570-63-8 © 2019 Hong Kong Open Page Publishing Co., Ltd. Published in Hong Kong

本書由清華大學出版社獨家授權出版發行，
原中文簡體版書名為《看漫畫學心理——做快樂職場人》。